有些事现在不做，

一辈子都不会做了

李 原 主编

中华工商联合出版社

图书在版编目（CIP）数据

有些事现在不做，一辈子都不会做了 / 李原主编
. -- 北京：中华工商联合出版社，2018.2（2021.6 重印）
ISBN 978-7-5158-2191-7

Ⅰ.①有…　Ⅱ.①李…　Ⅲ.①人生哲学—通俗读物
Ⅳ.① B821-49
中国版本图书馆 CIP 数据核字（2018）第 012618 号

有些事现在不做，一辈子都不会做了

主　　编：李　原
责任编辑：林　立
装帧设计：北京东方视点数据技术有限公司
责任审读：魏鸿鸣
责任印制：迈致红
出版发行：中华工商联合出版社有限责任公司
印　　刷：唐山富达印务有限公司
版　　次：2018 年 8 月第 1 版
印　　次：2021 年 6 月第 2 次印刷
开　　本：710mm×1020mm　1/16
字　　数：250 千字
印　　张：18
书　　号：ISBN 978-7-5158-2191-7
定　　价：78.00 元

服务热线：010-58301130
销售热线：010-58302813
地址邮编：北京市西城区西环广场 A 座
　　　　　19-20 层，100044
http://www.chgslcbs.cn
E-mail: cicap1202@sina.com（营销中心）
E-mail: gslzbs@sina.com（总编室）

PREFACE 前言

常听人说，人要到了暮年之后，才会真正回头看看过去的自己，把自己亲手放置于记忆回溯的空间里，记忆之中残留的种种，在此时就会兀自清晰起来，从前的场景，过往的点滴，就会像走马灯一样在你的脑海里翻腾。

是什么，常常让你从梦中惊醒，长叹不已？是什么，常常让你心神不宁，掩卷沉思？是擦肩而过的邂逅，是心底那份沉沉的愧疚，抑或是夜深人静时一个令人悔恨的唏嘘？过去可能已被岁月尘封很久，然而每次不经意间的回眸，往事中最令人难以忘怀、让人记忆犹新的必定是那些曾经有过的遗憾——那段岁月，那个年纪，那些没做的事，一辈子也不能做了。这些遗憾就像是散落在时间长河中的碎玻璃，不时的碰触还是会刺痛你的心，一次又一次。

世界之中有无数的空间，无数的空间里住着无数不同的人。

你有没有想过，曾经的你，踏过那似水的年华，走在世界的不同空间里，面对着不同的人，说着不同的话，穿行在各种媒体构架的介质中，穿越过无数的流言蜚语。我们用心地去生活，尽力地去拼搏，奋力地杀出重围，为的只是打造一片属于自己的天地，而当一切终止的时候，当你一身陌生的气味站在烽烟之中，回头看看，身边空无一人。那个时候，你会想些什么？机遇的错失、亲人的远去、朋友的别离、感情的失意、工作的误差、追逐的失败、克制的缺失、坚持的放弃、实施中的不可预见、想当然中的意外……只是因为当时有些事没做，只是因为错过了一点点，都让我们感受到了生活的不美满，品尝到了遗憾的味道。

在和煦的春风里，在清凉如水的夏夜，在麦穗金黄的秋天，在温暖闲适的冬日，我们可以做些事，这些事，现在不做，或许一辈子也不会做了：

在乡下度过一段悠闲的时光；

写一本梦的日记；

找个机会，帮朋友搭根红线；

整理老照片，回忆过往生活的剪影；

做一件曾认为做不了的事；

听一首曾打动过你的老歌；

做一次没有目的地的旅行，期待一次偶然的邂逅；

躺在床上，听窗外落地的雨声；

寻找失落的童心；

一个人去电影院，看一场深刻的电影；

……

那些黑白电影的插曲，抑或是江南昆曲的唱词，叮叮当当，悠扬婉转……柳絮飘飞，烟雨迷茫之中，有江南小镇，灰瓦白墙，抑或是亭台楼榭，佳人和才子，绸扇和丝衣，他们安坐抚琴，独自吟唱……这时候拿起这本书，一字一句慢慢看，不管是何时何地，无论是怎样的背景，人声鼎沸和都市的喧嚣都自由来去，因为每个人除掉浮躁热闹，沉静下来之后，都会心甘情愿，低头一针一线，去感受那些花好月圆的安定与洁净。

生命中的点点滴滴最终汇成了这本书，那些记忆、人事、风景、画面，都是那样温暖而熟悉，如果在这其中作为读者能够感受到一股向上之力，那便是作者的态度，便是此书的意义。当所有的充沛的感情，慢慢被时间的洪流冲刷干净，生命便又回到了原初。那么活在自我深渊当中的你我，便互相照耀到了彼此，走出了生活的困局。

每个人的生命只有一次，你也只能体会到一世的悲喜。走过岁月、走过曾经，我们对生活、对世界、对生命都应该感恩和淡然，只有这样才可以安然自得。

　　用一首很喜欢的歌结尾，送给大家，送给看到这里的你们。

　　想问问你，现在还好吗？还会看老电影时流泪吗？想问问你，真的戒酒了吗？那心痛时该怎么办呢？想问问你，现在还好吗？还会看旧照片流泪吗？想问问你，是否忘记了他？那些故事让它随风吧。

　　想告诉你，什么都不用怕，在你身后还有我们呢！

CONTENTS 目录

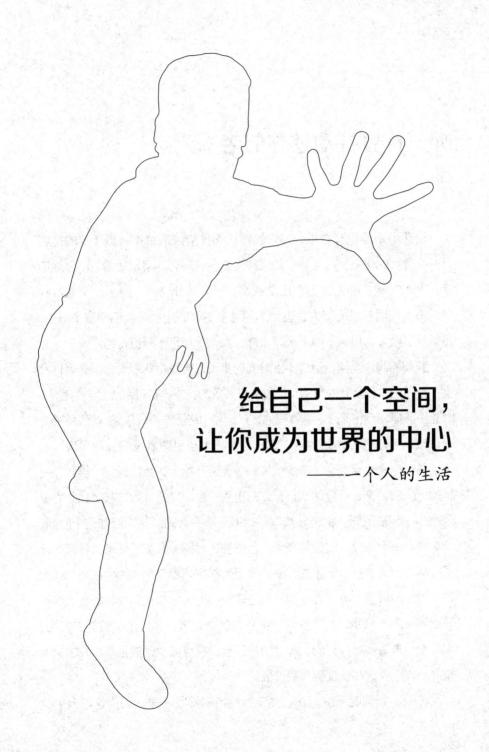

给自己一个空间，
让你成为世界的中心
——一个人的生活

听一首曾打动过你的老歌

　　生活中不能没有音乐，音乐的存在不仅能陶冶情操，更重要的是它是一个时代的见证。虽然我们每天都带着各种理想和追求活着，不停地追逐；有的时候我们忙得连自己是谁都忘了。离开家乡，到另一个城市打拼，为了证明自己的能力，也为了能过上更好的生活，我们割舍了很多，也牺牲了很多，但当安静下来时，却会想这一切是不是值得的。

　　我们的脚步再快也追赶不上时光的步履，当我们蹒跚着来到这个世界上，就开始了和时光的赛跑，走过喜怒哀乐的往事，走过喜忧参半的过去，时光机器却一直在前方召唤着我们，直到我们终于有一天累了，然后长眠。

　　突然有一天，你如往常一样，也许嘴里还咀嚼着没吃完的早饭，一边忙着出门一边穿外套，匆匆忙忙的一天又开始了，然后遇见一群和你一样的上班族，都是行色匆匆，和你的生活一模一样的开始。甚至如此有缘地和你一起挤上同一辆公共汽车开始追逐新一天的开始。恰好这个时刻，公车堵在一个路口，突然传来了一首老歌，周围突然静了下来，好似约好了一样，大家安静地听着这首歌，每个人都在想那个年代的事情吧，怀念那个时候的自己，听那首歌的时候还是自己的大学年代。那时的自己永远洋溢着青春的气息，有理想，有抱负，畅想未来；那时的爱情是纯真的，率性的，带着美好憧憬的；那时的自己也许有点叛逆，但也血气方刚，渴望能早点毕业，尽快证明自我价值。

　　你们不禁同时沉默，在心底默默地哼唱那首老歌，因为这首老歌见证了你们的风华正茂，也见证了那段火热的青春；你们不再忙着赶路，突然想停下来，突然来了兴致，又是这么突然地想怀旧、想感慨，看似麻木的脸庞终于泛起了悸动。每个人的心底都轻易地被这一首老歌勾起了阵阵涟漪与共鸣。

一首老歌带你回到往昔，自己模糊的脸变得清晰，这些旋律曾伴着我们度过了多少个激情的日夜。还能想起当时陪你一起倾听这首歌的人吗？你们已经形同陌路，还是一直相守？给自己一个空闲，听听老歌，任凭思绪飞舞。

像从前那样，选择过一种简单的生活，因为人一生中想要的东西太多太乱，而真正需要的却很少。那些不必要的东西无形之中为我们增加了很多的压力和困惑，使原本简单的生活变得复杂不堪。有时你也许会因追逐太多的名与利而显得疲惫不堪，你也许会对生活在纯粹的物质层面所带来的回报感到腻烦和不满；你觉得自己虽然拥有了工作给予的所有回报及你的财富带给你的舒适，但仍感到生活中有一些空白，有一种空虚，这种感觉折磨着你。这时只有一条路可循：选择简单。

午夜听一曲爵士乐，让心情彻底放松

夜幕降临，华灯初上，每一盏亮起的灯都在等待一个人。不管是自己一个人住，还是和亲人或者爱人住在一起，有灯的地方就有家，有家的地方就应该有一个能够安放自己心灵的房间。可是夜晚黑得越来越彻底，一直到万籁俱寂的时候，我们中的不少人却仍旧醒着，或许想着工作的压力，或许思考着关于人生的难题。我们的心灵得不到放松，即便是在家里，还是让自己陷于尘世的剪不断理还乱之中。得不到放松的心灵太沉重，一如得不到安宁的灵魂太沉痛。

反正是睡不着了，与其躺在床上辗转反侧，一个劲儿地想着令自己睡不着觉的原因，以至于内心的躁动和不安燃烧成一团灼人的火，还不如翻身下床，虽然是在午夜，也去听那么一曲爵士乐。睡不着是对生活的妥协，就像对待很多其他的事情一样，生命中有着太多的无可奈何。听一曲爵士乐却是妥协之中的豁达和自我安慰，反正已经睡不着了，那就去做另外一件事情来抚慰这颗不安分的心，或许就会看到退一步海阔天空的风景。在优美的音乐声中，我们才开始真正安静下来，可以慵懒也可以认真地梳理着自己的情绪，这才发现，原来一直以来都是自己在庸人自扰。

这首 *Silent night*，玛利亚·凯瑞用轻柔的声音诉说着一个人心中关于夜的想象。听着听着，居然想起了妈妈的摇篮曲，二者的曲风没有任何相似的地方，却只是因为那同样温柔的声音。你就在《Here and now》，触摸着自己灵魂的脉搏，那似乎暗含着些许神秘的女声原来是在领着我们去探索自己的灵魂。你说你《Don't know why》，为什么爱就不在了，为什么工作得那么累了，为什么自己如此心烦意乱了。其实，很多时候，答案是什么并不重要。重要的是，我们以怎样的心境来面对这答案，面对这现实。有个声音告诉你《Don't cry》。此时此刻，你沉浸在夜的孤独中，每一分每一秒都活得那么用力，如同跳着《Just one last dance》那么倾尽全力，这黑暗中的舞者有着不向命运屈服的毅力，也懂得如何在黑暗中享受生活的乐趣。渐渐地我们终于明白，既是活着，那就要活得开心，活得精彩，不为别的，只为《living to love you》，这个你就是我们自己。然后有一个声音会领着我们《Going home》。这个家，不在外面，在每个人的心里。我们终于明白，没有完全的得到，也没有绝对的失去；没有大获全胜，也没有一败涂地。每一次的爱恨交织都是一种经历，都会在岁月的抚摸下失去原有脉络的清晰，最后只剩下些微痕迹。最后痛不再痛，爱也不如当初那么歇斯底里，我们终于可以放下这些尘世的包袱，开始很平静地朝着温暖的床上走去。你想通了，回家的路也就畅通了。终于我们找到了《A piece of my heart》，于是一个微笑像一颗星星一样，从心底升上脸庞，我们和着音乐开始悠悠地唱起："This is my life. I can not live it twice. All I can get is a piece of my heart……"

一种可以安抚灵魂的音乐

爵士乐，起源于非洲，曲风鲜明，节奏强烈。它的产生源于19世纪美国南方种植园黑人奴隶们对于生活的热爱和满怀希望。即便是做没有人身自由的奴隶，没有经济上的保障，甚至连生命安全都无法得到，他们仍然有着顽强不屈的生命力和歌唱生活的乐观豁达。也许这就是为什么爵士乐可以安抚我们灵魂的原因，它是从一颗颗充满力量的心灵里面唱出的歌。到了19世纪末期，爵士乐在欧美传统音乐的基础上，逐渐融合了很多其他的音乐形式，比如布鲁斯、拉格泰姆等。爵士乐在保留了某些非洲特色的基础上，在人们的即兴创作中，与移民居住地的音乐相结合，所形成的不仅仅是一种全新的音乐，更是一种全新的表达情感和灵魂的方式。在提到爵士乐的形成和发展历史时，新奥尔良是一个不可被忽视的地方。因为我们可以说，新奥尔良是爵士乐的发源地。在美国那个盛行种族歧视的年代，新奥尔良却对黑人采取了宽容友善的态度，这些宽容友好体现在很多方面，其中就包括允许黑人们在街头卖艺弹唱。于是，新奥尔良成了爵士乐的温床。它的发展经过了新奥尔良爵士乐、迪克西兰爵士乐、摇摆乐、比波普、自由爵士、摇滚爵士和融合爵士、现代爵士等阶段，已经融入了人们的生活，与人们的内心密不可分。爵士乐的特点，如即兴，运用的是布鲁斯音阶，音色多是鲜明强烈但也有抑郁晦涩的时候，有着丰富的和声，简而有力的小过门，衬句反复重叠以渲染歌曲的氛围，等等。但究竟什么是爵士乐，也许谁都说不清楚，正如路易斯·阿姆斯特朗（爵士乐的鼻祖之一，其在爵士乐历史上的地位正如猫王之于摇滚乐那样重要和显赫）所说的那样："如果你一定要问什么是爵士乐，那你就永远也不会知道。"我们只需要尽情享受这种源于灵魂又可以安抚灵魂的音乐就好，记住这句爵士乐的格言"Just for fun"（只为开心）。

一个人去电影院，看一场深刻的电影

当全身心投入地去做一件事，体会的是一种不同于以往的充盈的感觉，哪怕是去放松、去休闲、去娱乐，不一定漫不经心才算是彻底放下疲惫、卸去重压，认认真真去享受这种专注，是一种更高的境界。休闲放松的方式有很多种，每个人都有能让自己放松的方法，不管哪种方法只要能达到让自己深入其中就是好的，但如果能从这种专注的娱乐中，引发一些自己的思考会更好，抱着娱乐的心态却得到收获，有谁不愿意这样呢？那就抽空去电影院看一场你认为深刻的电影吧。相信每个人都会有这样的爱好，甚至对于某些人来说，是一种不可割舍的生活方式。

当结束一天或是一周的劳累，安安静静地坐在电影院里，欣赏和体味别人演绎出的一种人生，欣赏之余，有时候也会引起内心的震动或是思考。给自己一个机会被荧幕上的光影细节所触动，跟着剧情黯然神伤或者怒发冲冠，这就好像电影本身是一种艺术的表现方式，但是它源于生活，于是我们容易被牵动，被启发，被感动。说不定我们的人生也许会因此而得到一种启迪，让我们反思自己，学会更好地生活。

去电影院看一场深刻又经典的电影，不光会被剧本震撼，你还会看到在座的人们是不是有某一个人与你产生共鸣，又或者你想哭就哭，想笑就大声地笑，在黑暗影院中，在陌生的人群中，没什么是你必须要顾及的，回家途中，你可以随意随性地思索故事的结局，重新进入一个真实的世界，身在剧本之中的你又会如何？也许你会突然觉得拥有眼前的生活已非常幸福。

　　问问自己疲惫的身心，对生活的热情，对完善自我的热情，还保留几许，这一切需要我们认认真真地去体味。不要因为平日的繁忙而麻痹自己本来灵动的思想，所以一个人去看一场电影，短短的两个小时，也许会体味整个人生，重拾我们年轻时的浪漫，所以说电影的确是一门艺术。但凡夫俗子的我们，有时也可以试着用艺术的眼光变换角度去欣赏这些光影记录。艺术虽然高雅，却一样很真实，懂得生活真谛的我们，也懂得艺术的真谛，认认真真看一场深刻的电影，对我们的精神和灵魂也是一种修炼。

1.《飞越疯人院》One Flew Over the Cuckoo's Nest

　　导演：Milos Forman

　　冲破一切障碍，看破谎言和假象，全身心的追求想要的幸福；这就是人类最原始的自由欲望。虽然本片的主题歌颂了为了个性解放而孤军奋战的英雄，由于找不到正确的解放道路，最后还是被无情的社会所吞噬。但是剧情演变到最后，我们仍然会看到希望，带着神圣且缅怀的心情去体味生命与自由的意义。

2.《海上钢琴师》The Legend of 1900

　　导演：Giuseppe Tornatore

　　"陆地？陆地对我来说是一艘太大的船，一个太漂亮的女人，一段太长的旅行，一瓶太刺鼻的香水，一种我不会创作的音乐。我永远无法放弃这艘船，不过幸好，我可以放弃我的生命。反正没人记得我存在过，而你是例外，max，你是唯一一个知道我在这里的人。你是唯一一个，而且你最好习惯如此。原谅我，朋友，我不会下船的。"影片中的1900从出生到成长一直在船上，直到生命的终点。

这是一部荡气回肠的诗意旅程电影，那无处不在的钢琴声将观众带入 1900 的心灵深处，让我们能从中感受到的一种执着。

3.《肖申克的救赎》The Shawshank Redemption

导演：Frank Darabont

"每个人都是自己的上帝。如果你自己都放弃自己了，还有谁会救你？每个人都在忙，有的忙着生，有的忙着死。忙着追名逐利的你，忙着柴米油盐的你，停下来想一秒：你的大脑，是不是已经被体制化了？你的上帝在哪里？"

去相信自己，不要轻言放弃希望，永远执着永远努力奋斗，安静耐心地等待着属于自己生命中的辉煌，虽然最终找到了通向天堂的路，虽然追寻的过程一路坎坷，但最终他成就了自己，这就是肖申克的救赎。

4.《蝴蝶效应》The Butterfly Effect

导演：Eric Bress、J. Mackye Gruber

我们也许会意识到，横扫城镇的龙卷风，常从蝴蝶扇动翅膀开始；横过深谷的吊桥，也从用一根细线圈住的小石子开始。事物彼此间都有联系。成功，往往从小事开始。

平日里你所做的一切，会影响所有与你有联系的人，你的家人你的爱人，你希望带给他们快乐吗？你一定曾嫌弃母亲的唠叨而感到后悔，你也一定曾经因为驳斥过父亲而感到惭愧，任何细节都会决定最后的结果，尽量少做一些错事，因为它真的会引发很多其他事情。

一个人远行，在海边凭吊爱情

如果觉得最近压力很大，如果你想暂时躲开都市的喧闹，如果你想了很多次要逃离却始终犹豫手边的工作，不如允许自己洒脱一次，放下手边的工作，于某一天的凌晨就出发，只身一人，前往离你最近的海边，看着潮起潮落的大海。在这么一个美好的清晨，倾听海涛之声，相信你的心会得到最真切的安静。

沿着海岸线，与三五个当地朴实的渔民孩子一起追逐海浪，浪来的时候，你会随着浪来的方向跑去，欢笑着，动容着。休息的间歇，如果阳光充足，躺在沙滩上，倾听海水拍打礁石的声响，仰望湛蓝的天空，没准你会想开很多事，又或者你什么都不必想，只是享受这份静谧，然后轻轻地睡着。醒来后的你，也许会感慨，虽然枕着沙滩睡去，却也是在城市打拼这么久以来，睡得最踏实的一觉。

还记得那年那景，与朋友牵手来到海边，扬起代表青春的微笑，天空没有一丝云翳，湛蓝的如梦境一般，如此靠近天堂。你们也许曾在这样的仙境拥抱着，又或者在那么一个有风的夜晚，依偎着坐在沙滩上互诉衷肠。往事让你很难释怀，即使过去多年，还依然忘不了那段感情。那时纯真的我们，自顾自地相信爱情的美丽，相信誓言的永久。

不管如何，你偶尔的冷漠和伪装，是因为你忘记了自己对未来还有期待，其实我们都是这样，好像逃避问题的唯一途径就只有置身忙碌中，每天做着同样的事情，没有激情，虽然也会觉得日子索然无味，但仍情愿这样。可是你总会被触动，只是时间长短的问题，偶尔的小憩，会让你越发觉得自己的陌生，给自己一点勇气面对过去，回忆林林总总的往事，审视过去的自己，你将会发现，你什么都不再怕了，再也不用自我逃避，因为自己的心结已经被释然，用微笑来看待过去自己的幼稚，也许这时你会泪眼婆娑，这并不妨碍你的形象，我们都需要这种释放，但不管怎样，泪水中总会含着笑意，为自己，也为将来。

有时候，我们需要偶尔的激情来激发我们看似已经消磨掉的热情，需要坦然的心态，需要虔诚地相信自己。

直面自己，删除那些无谓的记忆，进行一次彻底的凭吊，人生正如海水，时而温柔时而凶猛。尤其是夜晚站在海边看潮涨潮落，涨潮时，汹涌的海浪总会让我们猝不及防又不得不接受，但不管如何，海平面总要恢复平静，依然会与你含情脉脉对望。

记住这些看海的日子，封存一些记忆，不管是美好的还是伤感的，全部属于自己。看海的日子让你感慨让你畅快，甚至让你不再迷失。

做自己情绪的主人

调节好自己的情绪，保持一颗平常心，可以让我们更轻松、更简单地享受生活。人活在世上总会遇到各种各样的事情，或忧或喜。当我们在生活中出现情绪问题时，如果我们能够通过自己的行动，及时调整好情绪，那么我们就能够更简单地面对自己的人生。

一位著名的心理专家说："我们生活中 80% 以上的情绪问题都是由自己造成的。"生活中随时可能出现的矛盾随时都会影响到我们的情绪，例如，你可以假想某一天，你站在一间珠宝店的柜台前，把一个装着几本书的纸袋放在旁边。这时一个衣着讲究、仪表堂堂的男子进来，开始在柜台前看珠宝，你礼貌地将自己的纸袋移开。但这个人却愤怒地看着你，他说，他是个正直的人，绝对无意偷你的纸袋。他觉得受到了侮辱，重重地将门关上，走出了珠宝店。你感到十分惊讶，这样一个无心的动作，竟会引起他如此的愤怒。后来，你领悟到，这个人和你仿佛生活在两个不同的世界，但事实上世界是一样的，只是你和他对事物的看法相反而已。

第二天一大早醒来，你就觉得情绪不好，想起自己又要开始度过枯燥、乏味的一天，周围的一切都好像在和你作对。当你驾车挤在密密麻麻的车阵中，缓慢地向市中心前进时，你满腔怨气地想："为什么有那么多人能拿到驾驶执照？他们开车不是太快就是太慢，根本没有资格在高峰时间开车，这些人的驾驶执照都该被吊销。"后来，你和一辆大型卡车同时到达一个交叉路口时，你心想："这家伙一定会直冲过去的。"但就在这时，卡车司机将头伸出车窗外，向你招招手，给你一个开朗、愉快的微笑。当你将车子驶离交叉路口时，你的愤怒突然完全消失，心胸豁然开朗起来。

由此可见，控制情绪的钥匙就掌握在我们自己手中。你可以采取下面所讲的方法有效地控制自己的情绪，让自己度过简单平和的每一天。输入自我控制的意识是有效控制自己情绪的第一步。曾经有个初中生，不会控制自己的情绪，常常和同学争吵，老师批评他没有涵养，他还不服气，甚至和老师争执。老师没有动怒而是拿出词典逐字逐句解释给他听，并列举了身边大量的例子，他嘴上没说却早已心悦诚服。从此他有了自我控制的意识，经常提醒自己，主动调整情绪，自觉注意自己的言行。就在这种潜移默化中他拥有了健康而成熟的情绪状态。

另外，在众多调整情绪的方法中，你也可以学一下"情绪转移法"，即暂时避开不良刺激，把注意力、精力和兴趣投入到另一项活动中去，以减轻不良情绪对自己的冲击。情绪转移的第一个关键是积极参加社会交往活动，培养社交兴趣。

人是社会的一员，必须生活在社会群体之中。一个人要逐渐学会理解和关心别人，一旦主动爱别人的能力提高了，就会感到生活在充满爱的世界里。如果一个人有许多知心朋友，就可以获得更多的社会支持，更重要的是可以感受到充足的社会安全感、信任感和激励感，从而增强生活、学习和工作的信心和力量，最大限度地减少心理应激和心理危机感。

情绪转移的第二个关键是多找朋友倾诉，以疏泄郁闷情绪。

生活和工作中难免会遇到令人不愉快和烦闷的事情，如果有好友听你诉说苦闷，那么压抑的心境就可能得到缓解或减轻，失去平衡的心理可以恢复正常，并且可以得到来自朋友的情感支持和理解，获得新的思考，增强战胜困难的信心。还可向自然环境转移，郊游、爬山、游泳或在无人处高声叫喊、痛骂等。也可积极参加各种活动，尤其是将自己的情感以艺术的手段表达出来。

另外，营造一个温馨的家庭氛围也是转移不良情绪的一个有效途径。家庭可以说是整个生活的基础，温暖和谐的家是家庭成员快乐的源泉，是事业成功的保证。如果我们在遭遇了不良情绪的袭击之后，能够及时地投入到温馨的家庭氛围中，让家人的关怀洗除我们内心的烦恼，那么我们就能保持一种简单平和的心态。

整理老相片，回忆过往生活的剪影

　　如果日记是一种文字的记忆，用语言描绘曾经的你，那么，照片便是一种影像的记忆，用最直观的视觉冲击刻画你成长的痕迹。

　　昨天刚看完旧日记，那今天就来看看旧照片吧。告诉自己，这两天属于回忆。

　　同样地，按照时间的先后顺序，从年岁的由小变大，一张一张地重新欣赏。翻看这些旧照片，会让你有些光阴似箭的感觉，看着相册里不同时代的自己，心态也会迥然不同。

　　首先看看孩提时候的影像，对于大多数人来说，那些照片，基本上都映在了一张张黑白相间的框子里。黑白照片代表着怀旧情节，往事在黑与白之间跳跃，多少个生长的岁月才步入成熟，多少个春秋才参透生活的真谛。看着童年时候的可爱模样，是不是才能完全体会自己成长所付出的代价与辛酸，也忆起了儿时的快乐和纯真，那就尽情地回味一番吧。然后，再翻看我们的少年时代、青年时代、中年时代……这些旧时的影像把你从少年成长为青年，从青年步入中年，也许还有中年步入老年的过程记录得一清二楚。带着缅怀的心情去纪念过往的往事，人生是一张单程票，过去了就不会再来。

　　这些旧照片，也许还有你和其他人的合影，是不是每个阶段合影的人都不尽相同？温习一遍自己曾做过的鬼脸，回顾一下当时旧照片上父母年轻的面孔。父母见证了我们的成长，我们却在一天天地见证父母的老去，时光飞逝，这也许就是我们成长必须要付出的代价，这也是为什么我们有怀旧的必要，也许是为了让父母永远留住容颜，也许只是为了让时间放慢一点速度。偶尔看着照片里人物表情的转变，容貌的改变，世事沧桑与人情冷暖尽在其间。突然想到这句"年年岁岁花相似，岁岁年年人不同"，也许这将是那些合影照片最贴切的旁白吧。

一张张旧照片，或黑白或彩色，或开心或愁苦，把不同的时光和人物定格在了瞬间。想想多年来的经历是千千万，明白忘记的事情是万万千，幸亏有这些旧照片，不管你想忘也好，不想忘也罢，都忠实地记录下了那些零星的岁月。

回顾过往，珍惜眼前

邵飞是一名年轻的医生，他看到病人痛苦的模样时会时常想起他的祖母，缘何如此还要从他的一篇日记中才能得知："相片中的祖母年轻时有点瘦，不过我很难把相片和真实结合在一起。从我开始有印象起，她一直是胖胖的，嗓门很大。我从小是很顽皮的孩子，常在外面玩耍忘了回家吃饭，让她追打着回家。回想起来我甚至期待那样的感觉。她胖胖的，追不上我。跑着跑着祖母停下来，一喘一喘地，全身都是汗，我也停下来做鬼脸。我跑得远远地直奔家里，她还追在后边。我一回头，看她气冲冲地跑着，全身上下所有的地方都在跳动，好像卡通影片。

"很多和我一样的小孩子几乎都是祖母带大的。几乎我所有的童年记忆都和祖母有关。在我上了中学之后不久，我的祖母就过世了。她得了癌症，到处求医无效。我记得最后的那段日子她躺在床上呻吟。除了打止痛针之外，我们没有什么别的好办法。我的父亲及伯父不甘心，轮流背着她去坐火车，坐十个小时到省城，去大医院求访名医。隔天又背着她坐火车回来。他们把祖母放回房间里，兄弟两个人走出来，还来不及走到客厅就一直流眼泪。祖母快过世之前曾经静静地看着我，感叹地说：'祖母看不到你长大了。'我很害怕，不知道该说什么。她很虚弱地问我：'你长大以后会变成什么样？'祖母生病以来，我从没有哭过。直到那一次，我握住她的手。第一次觉得她变得那么瘦，那么轻，好像我真的会失去她。看她生病那么难过，我坚定地告诉她：'我长大要做一名医生。医好所有人的病。'

"'以后当医生，要对病人好一点。'我看见祖母的眼泪流了出来。尽管经历许多事情，我不再哭过，也从不曾看父亲哭过。

"过了很多年，我们谈起这件事，父亲告诉我：'那次背你的祖母从省城医院出来，医生都摇头，说没有办法。我们住在火车站后的小旅社，等着隔天坐火车回家。我和你伯父背着你祖母上旅社二楼。从前我们兄弟两人背她背不动，那天变得那么轻，两个人不晓得为什么直掉眼泪，祖母问怎么回事，都不敢告诉她，只说看她生病那么辛苦，心里不忍心……'

"现在我已经变成了一名医生，与更多的病人一起经历了喜悦、满足、无奈或者失望时，忽然想起那双落在我手里轻得不能再轻的手，曾经给我多么沉重的力量。

"'唉，再重的重担都不算什么，'父亲摇了摇头，'可是，那么轻的感觉，却无法承受……'

"死，使善者坚强，使智者认识生，教他如何行动。死，是自然界的规律，生由死而来。正如麦子为了萌芽，它的种子必须要死了才行。因此，珍惜眼前的生活，这才是最要紧的。"

观察一朵花开的过程

　　每年春天一到，就看到满园子的花，瞬间开出五彩的颜色来。到了秋天，一切便又似乎突然消逝了，不留一点痕迹一般。那之前的生气勃勃就被渐渐遗忘了。花开花落，似乎就为了那么一瞬间的开放，然后消亡。正所谓"花开易见，花落难寻"，生命的过程何等短暂，绽放的瞬间却是何等绚烂，殊不知这背后力量之厚重。

　　盛放一次，凋落一次，中间的过程就那么短，但每一次的存在都是付出了巨大的努力，最终方可开出绚烂的花。日照之下忍受炎热，暴雨之中忍受击打，生命仍旧在一切恶劣的环境之中破茧而出，这怎不令人敬畏呢？试想生命只有那么短短几十天，你是不是也会拼命抓住最后的机会去尽情享受能够肆意狂欢的那几十天？

　　找一朵春天开的花，看看寒冬过后，它是如何看着融冰，听着暖风的声音，一点一点，挣脱出冬的冰封；找一朵冬天开的花，看看在漫天大雪中，它是如何和着呼啸的风声，伴着惨白的大地，一日一日，开出雪地里最鲜艳的颜色。

　　在快节奏的生活中，或许我们不经意地一次抬头，就能看见枝丫上又悬上了新的颜色，于是可以欣喜地享受着这自然的慷慨馈赠。我们也偶尔买上一盆花，摆在阳台上，等它开花，看它凋谢，然后等第二个花期的到来。关注了美好的结果，期间的过程呢？只要多一份心就可以了。看到枝丫上的花，在日历上圈上日期，来年的这个时候再看它绽放。阳台上的花，等它下个花期到来的时候，每天起床时蹲在它面前小心观察，守着它从花苞，渐渐盛开。

当然，如果你爱花，何妨熬上一夜，看看昙花一现的情状，听听那短暂生命的声音？越是短暂的生命，越是厚积薄发一般，将无尽芳华留予那真正的一瞬间，稍后便逝，如同从未盛开过一样。你是否一直对这样一种生命力抱有强烈的好奇和崇敬，也对那短暂的生命喟叹不已。想必，那绽放的过程，更加动人心魂。

生命的厚重感看似轻飘不定，转瞬即逝，实则一切力量，皆汇聚在那一瞬。只盛放一次，用尽气力，虽只有一次，却足够绚烂。

有名的赏花胜地

1. 杭州西子湖畔

自古就有白居易"未能抛得杭州区，一半勾留是此湖"这样的诗句，足见西子湖畔雅致的风光。莺飞草长的春天，西湖的桃花是最惹人爱的风景了。碧桃类、寿星桃类、紫叶桃类，各种姿态的桃花相互映衬着，和着那水波潋滟的湖面，别有一番情趣。尤其是白堤与苏堤的桃花，更是每年引得各方的游客，来此一睹西湖桃花的"芳容"。

2. 武汉大学

武汉大学的樱花已经久负盛名了。每年到樱花开放的时节，武汉大学里观赏樱花的人便陆陆续续地出现了。校园的静谧和樱花的浪漫，尤其当你走在樱花大道上，伴着一点阳光，那感觉一定会令人迷醉。一阵风吹过，花瓣到处飞舞，落了一地的粉色，实在是难得的景观。

3. 扬州

有诗曰："淮扬一枝花，四海无同类"，这花指的便是扬州的市花琼花。

琼花又名聚八仙，据说4、5月间的扬州，琼花开放，宛若八仙起舞，十分动人。琼花花大如盘，洁白如玉，被称为"中国独特的仙花"，久负盛名。古代的文人墨客，每提及琼花总要提到扬州，地与花，已是不可分割了。烟花三月下扬州，琼花是不可不看的。

赏花须知

1. 由于赏花人本身的抗免疫能力不同，尤其有些人会有不同程度的花粉过敏症状，症状略轻则鼻痒、喷嚏不断，重些便可能发展成肺气肿或肺心病。赏花本属乐事，若发生了这些"不幸"，大概便丝毫不再会有赏花的心情了。因此，即使对花粉并不过敏，也要注意"保持距离"，不要践踏或随意采摘。既是爱花人，便"只远观而不亵玩"就可。

2. 赏花时节多在春季，正是最易发病的时节，春风倒是绿了江南岸，也唤醒了这一派明媚的春光，但冷风过后的暖意总是惹人喜爱，又暗藏"杀机"。倘若偶有不慎，极有可能受冻着凉。春风虽暖，但须多加小心才是。在赏花的过程中，也许会"遭遇"庞大的人潮，气氛火热，但务必要穿好外套，虽然植物已然复苏，但病毒也同样在不断衍生。既要赏之，便要先自己保重。

3. 万物复苏的时节已是昆虫迅速泛滥的时节，尤其在斑斓的万花丛中，更是少不了它们的踪影。更可怕的是在这个特定时节它们往往都"精力充沛，毒液旺盛"，若是不慎被叮咬，务必要立即涂擦药物，以免引起皮肤病，带来不必要的麻烦。

把烦恼写在沙滩上，看着它流走

人一旦步入红尘，就在忙碌中忘了自我，忘了快乐，忘了满足，只剩下烦恼。烦恼来自于执着，来自于追求，来自于对尘世的这种执着的追求。其实可以把烦恼写在沙滩上，海水一冲就流走了。

有这样一个故事，话说有一个中年人，年轻时追求的家庭事业都有了基础，但是却觉得生命空虚，他感到彷徨无奈，情况越来越严重，只好去看医生。医生给他开了几个处方，分四帖药放在药袋里，让他去海边服药，服药时间分别为上午九点、十二点，下午三点、五点。

九点整，他打开第一帖药服用，里面没有药，只写了两个字"谛听"。他真的坐下来，谛听风的声音、海浪的声音，甚至还听到自己的心跳节拍和大自然的节奏合在一起跳动。他觉得身心都得到了清洗。他想，我有多久没这么安静坐下来倾听了？

到了中午，他打开第二个处方，上面写着"回忆"两字。他开始从谛听转到回忆，回忆自己童年、少年时期的欢乐，回忆青年时期的艰难创业，他想到了父母的慈爱，兄弟、朋友的情谊，他感觉到生命的力量与热情重新从体内燃烧起来了。

下午三点，他打开第三个药方，上面写着"检讨你的动机"。他仔细地想起早年的创业，是为了热情地工作，等到事业有成，则只顾挣钱，失去了经营事业的喜悦，为了自身的利益，他失去了对别人的关怀。想到这儿，他开始有所醒悟了。

到黄昏，他打开最后一个处方，上写"把烦恼写在沙滩上"。他走进离海最近的沙滩，写下"烦恼"二字，一个波浪很快上来淹没了他的"烦恼"。沙滩上又是一片平坦。

当他走在回家的路上时，他再度恢复了生命的活力，他的空虚无奈也治好了。

我们不妨也把烦恼写在沙滩上，让海水把它冲走。然后，学会静静地"谛听"，让自己回归自然，享受自然生存的乐趣！静坐海边，让涛声带领我们去回忆、去感受，感受父母家人的温馨，感受兄弟姐妹的情谊。这时，你会发现，人生的真正喜悦是浓浓的亲情、友情、爱情。

学会在烦恼中享受生活

我们所担心事情中有99%根本不会发生。如果我们根据概率法则考虑一下我们的忧虑是否值得，并真正做到长时间内不再忧虑，90%忧虑就会消除。

——戴尔·卡耐基

最令人烦恼的事物往往可以使人摆脱烦恼。

——拉罗什福科

适当的悲哀可以表示感情的深切，过度的伤心却可以证明智慧的欠缺。

——莎士比亚

追求幸福，免不了要触摸痛苦。

——霍尔特

一个人的崇高源于认识到自己的痛苦。

——帕斯卡尔

令你忍受痛苦的事情，可能令你有甜蜜的回忆。

——福莱

烦恼如果不显露在你的脸上，就盘踞在你的心里。

——赫维

不要屈服于忧愁，要坚定地抗拒它，否则忧愁这习惯就会得寸进尺。

——史密斯

只有彻头彻尾地经历苦恼，苦恼才能被治好。

——普鲁斯特

一切痛苦能够毁灭人，然而受苦的人也能把痛苦消灭！

——拜伦

我们这些人毕竟是由无限的精神所构成，而且生来就是要经历痛苦和欢乐的，人们不妨这样说，最杰出的人总是用痛苦去换取欢乐。

——贝多芬

多受痛苦的折磨，见闻会渐渐增多。

——荷马

时间会平息最大的痛苦。

——凯利

不要无事讨烦恼，不作无谓的希求，不作无端的伤感，而是要奋勉自强，保持自己的个性。

——德莱塞

莫把烦恼放心上，免得白了少年头，莫把烦恼放心上，免得未老先丧生。

——狄更斯

清新、健康的笑，犹如夏天的一阵大雨，荡涤了人们心灵上的污泥、灰尘及所有的污垢，显露出善良与光明。

——高尔基

　　要走的东西会走的；不管你是否坐在那里保卫它，它仍然要走，肯定要走。

——泰戈尔

　　因寒冷而打战的人，最能体会到阳光的温暖。经历了人生烦恼的人，最懂得生命的可贵。

——惠特曼

立下一个让自己信奉一辈子的诺言

　　某个清冷的夜晚，举头望明月，你只看到镰刀似的新月，但却不会有丝毫的沮丧，因为你知道月圆是月亮给人的诺言；寒风凛冽的冬季，百草枯黄，万物凋零，你只看到满目萧索，白雪茫茫，但你不会觉得有多么失望，因为你知道积雪下萌动的春草是春天许给你的诺言；或许平静或许艰难的某段岁月，既有着平淡生活的索然无味，也有着困苦时日的度日如年，但是你可以让自己在不满与逆境中看到希望，只要你也同样为自己立下一个诺言，一个足以让自己信奉一辈子的诺言。原来，诺言既可以是大自然许给人们的美好，也可以是你为自己确立的信仰。

　　有信仰的人，终究会成为幸福的人。不论他的经历多么坎坷，因为心中有所相信，有所坚持，所以他的心中就常驻着希望。信仰就如大海里的那座岛屿，无论在波涛汹涌无边无际的大海上漂流多久，只要看见那岿然屹立着的小岛，你就能够看到求生的希望。信仰还是平复人们内心伤口的良药，让人们在它的治疗下慢慢痊愈，终于能够再次回到心灵最初的宁静和安详。当你立下一个让自己信奉一辈子的诺言时，你的信仰就已经确立起来，那么你离幸福的距离已经不远了。

　　你将会为自己许下怎样的诺言？坐下来心平气和地想一想，你最相信什么，最渴望得到什么，最爱的是什么，最希望成为什么样的人。这些内容都可以成为你诺言的组成部分。

　　有的人相信真爱，认为没有比自己的爱人更美妙的存在。情到深处，早就无法自已，那就立下一个一辈子的诺言，关于爱情的海枯石烂、忠贞不贰。就像牛郎和织女的故事那样，虽有着"纤云弄巧，飞星传恨，银汉迢迢暗度"的重重阻隔，但是那份执着了生生世世的等待，在岁月的无情流逝面前，丝毫没有变色的痕迹。坚守着这样一份爱情的诺言，也许真的能够做到"两情若是久长时，又岂在朝朝暮暮"。

父母对子女的爱是全世界最无私的爱，这份爱是倾尽所有，是不顾一切，是无悔无怨。于是有的人立下了一定要让父母安享晚年的诺言。这个诺言信守起来是如此的简单，只需要你少加点班，少把时间花在外面的应酬上，多陪陪父母，多点耐心听完他们的千叮咛万嘱咐。《孟子·梁惠王上》说"老吾老以及人之老"，你关爱自己的父母，也关心身边的老人。即便当父母最终驾鹤西去时，你把对父母的爱延展为对其他老年人的照顾，你就仍然是在遵守着当初的那份誓言，一辈子遵守着。天性孝顺的人最害怕的也许就是树欲静，而风不止，子欲养，而亲不待的遗憾。就让这个诺言让你的人生不留遗憾。

每个人都渴望成功，也都希望自己是一个在道德品质、个人修养方面尽量没有瑕疵的人。所以，你不妨给自己这样一个承诺，或许你可以告诉自己在困难面前绝不能低头，在利益面前绝不能牺牲自己的原则，在他人的苦难面前也绝不能袖手旁观，要做一个坚强、正直、善良的人。一个能够一辈子信守这个诺言的人，必定是一个活得坦荡从容幸福的人。

在给自己立下诺言之前，你需要慎重地考虑，在给自己立下诺言之后，你需要的就是言行始终如一。所谓一诺千金，要的是你对自己的责任心，也是对他人的尊重心。不管发生什么事情，顺境也好逆境也罢，都请遵守自己的诺言。当你发现自己可以坚守得这么久这么好时，内心的成就感将大大高于金钱名利带来的满足。一辈子信奉这个诺言，便是给了自己一个可以一辈子幸福踏实的理由。

一诺千金的故事

司马迁《史记·季布栾布列传》有云："得黄金百斤，不如得季布一诺。"故事的主角是一个名叫季布的人，他生在秦朝末年，楚地人氏。传说他为人重情重义，极其信守对人对己的诺言，只要是自己答应过的事情，无论有多大的困难都一定要想方设法办到。所以，当时的人们就传颂着上面那句话"得黄金百斤，不如得季布一诺"。楚汉争霸时，季布曾做过项羽的部下，几次为打败刘邦出谋划策。于是刘邦称帝后，便在全国悬赏黄金千两通缉季布。但是重情守信的季布深得人们的爱戴，大家宁愿冒着被株连的危险也要保护他的安全。其中有一个仰慕季布已久的人，不仅为他提供了藏身之所，还专程到洛阳去向汝阴侯夏侯婴求救。夏侯婴深得刘邦的器重和信任，在他的说情下，刘邦不仅赦免了季布，后来还任命他做了河东太守。这就是一诺千金的由来。季布在信守诺言的同时，也成就了自己的命运。

为你的人生写一个"剧本"

　　记得某一部电视剧里面有这样一句台词："站在天堂看地狱，人生就像情景剧；站在地狱看天堂，为谁辛苦为谁忙？"读到这句话的时候，也许很多人都是笑一笑也就过去了，从来没有去仔细想想这简简单单的两句话里包含了怎样的人生哲理。其实，细细想来，人生如戏，有很多事情都非常戏剧化地发生在真实生活里，令我们猝不及防，措手不及。当我们还没回过神来的时候，那些还没来得及珍惜的就已经失去。到头来再看看自己手里的所剩无几，可不就是为谁辛苦为谁忙吗。后悔？伤心？又有什么用？倒不如，自己做生活的导演，为人生写一个"剧本"，该怎么演，由你自己决定。有了剧本，便是有了安排，有了预料，以后即便失去，也不会再追悔莫及。因为，在拥有的过程中，你已经足够珍惜。

　　有一天当你终于在某个转角遇到了自己的真爱时，你是否有勇气抓住这份稍纵即逝的幸福？如果没有，你要知道，也许这次错过了就是一辈子的遗憾。人的生命只有一次，哪里有那么多胶卷让我们一遍一遍地重来？给自己写一个剧本，告诉自己，当那一天真的来临时，你将会以怎样的方式把爱告诉那个令你心动的人。你写到，你会非常珍惜对方，好好把握两个人在一起的每一分每一秒，一起享受烛光晚餐，一起去旅游，一起看日出日落。甚至你也可以设计一下自己的求婚或者婚礼，圣洁的婚纱，火红的玫瑰，还有好大的结婚蛋糕……一点一滴的爱，你都写进了剧本里，就是为了不让自己错过生命中的每一道风景。

你是这么深爱着你的父母，深爱着你的每一个亲人。尤其是当看到岁月的痕迹逐渐爬上父母的额头，那曾经的黑发似乎在一夜之间变白，我们或许就会意识到自己的不孝，一直以来自己竟然总是习惯性地忽略了他们。父亲母亲用尽一生的力气来爱我们，无论做儿女的我们做什么都无法报答他们的奉献和牺牲，但是很多时候我们竟然连周末陪陪他们吃个饭，聊会儿天都做不到。也许现在很多人不觉得于心有愧，但是等到那一天父母真的不得不远去时，我们就会深深地责备自己，在悔恨的煎熬中度过每一个怀念他们的日子。所以，趁现在一切都还来得及的时候，把你要对父母如何的好写进剧本里，一件一件都别落下。记住父母的生日，记住他们爱吃什么水果，记住他们喜欢的衣服样式……因为有爱，你人生的剧本才更有意义。

你当然也可以把自己的奋斗写进剧本，因为那也是人生不可或缺的一部分。关于理想，关于拼搏，关于挫折，你是否都有了自己的打算和准备？没有计划的人生，就像不知道航向的小船，整天把光阴耗费在没有目的的漂荡上，同样付出了时间和精力，却永远也到不了该去的地方。一份剧本就是一个计划，它能为我们的远航指引方向。

做你自己人生的导演，从此不再渴望天堂，因为你的现在已经过得足够幸福。

我的人生剧本之关于爱情

如果有一天我遇见了那个令我怦然心动的人，我会勇敢地告诉他。也会害羞，也会忐忑，但是一定会鼓起勇气走向他，轻轻地问一句，我们可以做朋友吗？

我们也会斗嘴甚至吵架，但是不论谁对谁错，我都会自我反省，看看自己有哪些地方需要改正，有哪些地方需要请求对方的原谅，又有哪些地方应该更去包容。我会勇敢地承认自己的错误，真诚地道歉，也会诚恳告诉对方我对二人感情的看法，双方都会做出让步。爱情，是两个人的相互靠近，为了拥抱得更紧，本来就需要把一些尖锐的棱角磨掉。

我会努力去懂得对方的想法。对于他所感兴趣的东西，我会去认真了解，也会告诉他我的爱好是什么。共同的兴趣爱好可以让两个人有更多的共同语言，这是思想交流的基础。不管发生什么事情，我们都承诺要对彼此坦白，没有欺骗，没有隐瞒，沟通是解决问题最好的方法。

终于有一天当我们步入神圣的婚姻殿堂时，我会大声地说出那三个字——"我愿意"，让所有在场的亲朋好友都听到我们爱的宣言。爱情是婚姻最坚固的基石，婚姻是爱情最圣洁的守护。不管遇到怎样的大风大浪，不管是贫穷还是富裕，不管是疾病还是健康，我们都会坚守在一起，相濡以沫互相扶持。

我们会一起孕育自己的孩子，那是我们爱的结晶，也是爱的希望。从孩子的蹒跚学步、咿呀学语，到慢慢长大直至自己成家立室，我们始终见证着自己幸福的时日。

到最后年华逝去，我们都已垂垂老矣，所能做的最浪漫的事，就是当夕阳西下，牵着对方的手，漫步到地老天荒时。

随身携带一个本子，把看到想到的记录下来

　　很多人都喜欢随身携带一个本子，随时记录和捕捉瞬间的灵感，很多文化名人都有这样的习惯。有些人在记录时还喜欢贴上创作者的标签，其实，我们每一个人在生活中都需要随身携带一个本子，把看到想到的一一记录下来，也许将来你不会从事多么具有创造性的工作，但我们都不会拒绝生活中的各种创意灵感。

　　生活向来具有独特性，每一个人都有自己独一无二的生活方式，即使是再平凡的生活，带给我们每个人的感受也不会完全一样，生活处于混沌状态的人会看着别人的生活，并且感慨万千，这些人也许生活在别人的光晕边缘，然而，对于有心的人来说，别人的生活不过是他们观察的对象，他们会用心去体会自己的生活。两种不同的人，两种不同的生活，无关优劣，但是，我们不能一辈子不去自己体会生活，多记录一下自己身边的事和带给你的灵感。也许随身携带一个本子并不是最好的方法，但这种形式的确是浪漫的，把你平生中看到想到的记录下来，不仅让自己的思维更加活跃，让自己变得更有思想，而且将来没准你的这本相当于"参考文献"的随笔还能有发表的可能，让更多的人来借鉴和解读你的想法。

　　或许听上去并不会觉得有那么多的好处，但逐渐的你记录得多了，也养成了这样的习惯，你也许就会发现，这种方式会给我们带来意想不到的收获。比如，你是艺术创作者，捕捉到的灵感会成为创作之源；再比如，你是其他职业的人，你所看到的想到的也不会跑出你的职业思维习

惯，记录的东西说不定就会为你打开问题解决的新途径。

平时我们总是抱怨，抱怨现实的生活快节奏让人们忘记了欣赏路边的风景，人潮拥挤得找不到一块可以停留下来记录生活的时间和空间，每个人身上都背着一个生存的重担，艰难地行走。可是，生活向来属于用心体会的人。这类人在繁忙的生活中，不忘体会人生，在忙碌的工作中，不忘享受生活。不要再给自己找诸多无法安静下来的理由和借口，这不过是无心体会生活的人的托辞；而有心人却能在闹市里找到自己的安宁。时间总会将浮躁沉淀下来，随身携带一个本子，把看到想到的随时随地记录下来。人生匆匆，我们不过都是人海中匆匆的过客，留住一些我们该留下的记忆，为时间的魔力做一个见证，为自己用心的生活开辟一条新路。

随时随地记录生活中所看所想的好处

引发思维，储备资源，为成功找出路：生活中每天都有很多件小事在我们不经意间被忽略。一次和友人的谈话、一次短暂的旅行、一次逛街购物等，这些在我们日常生活中是再普通不过的事情。可是，如果你是有心的人，把这些经历中的所看所想记录下来，你会发现，生活就是一本最好的教科书，里面深藏的智慧值得我们用一生去习得，目之所及耳之所闻会为人们更深入的思考提供契机，在思考中恍然大悟，找到成功的出路。

案例：

一次和同学去逛超市，发现超市洗刷用品的柜台上宝洁公司的产品：舒肤佳、玉兰油、碧浪、汰渍、激爽、佳洁士、护舒宝，等等。我们发现单洗发水这一类产品，宝洁公司就推出了6个品牌：飘柔、沙宣、海飞丝、潘婷、伊卡璐和润妍。我想就算你没有使用这6个品牌中任何一种洗发水，你身边肯定会有人使用，你也肯定看过这些产品的广告。

我当天只记下了所见到的现象，有一天我翻开那天的记录时突然产生了疑问：宝洁为什么要推出这么多个洗发水品牌呢？这样不是更浪费广告费吗？这些品牌之间又有什么区别呢？当然，我不会把这种现象看成是这么大牌的公司犯的低级错误，后来我就进行了深入思考。发现保洁的洗发水，品牌各有特点，例如：飘柔强调的是发质的柔顺，海飞丝专注于去屑，潘婷突出的是营养，而沙宣给人的印象是专业。这样的侧重满足了不同的需求，也符合人们的审美需要。如果，只专注做一个品牌，做得再好也无法满足不同需求人的需要，这样就会使市场很狭窄。

捧一把沙子在手心，看它慢慢从指间流失

在熙熙攘攘的大街上，我们总是匆匆忙忙地穿梭于各大高楼和人群之间，从一个目的地到达下一个目的地。我们每分每秒都在追赶时间，为了追求，总是急不可待地想看到下一段风景，于是不停地走，舍不得停息。

其实生活应该是简单轻快的，而快乐也并不遥远，正如播下去的种子，尽管无法躲过偶尔肆虐的天气，无法阻止四季的更替，可最终依然会迎来收获的喜悦。好似我们看似平凡的日夜，不会因过多的阳光而感到晕眩，也不会因为连绵的阴雨而阴沉黯淡，因为一路都有风景，曾经过眼的往事都会幻化成云烟。

捧一把沙子在手心，看它慢慢从指间流失。这双手承载着太多的期望，沙子在手心的重量又显得有些沉重，以至于我们的手，在不知不觉中，因紧张而过度劳累，其实我们还是怕别人失望，所以不管多艰难都要劝诫自己不能放弃，到头来，这其中的辛酸唯有自己才能体会，但最终你会发现，掌心的沙子还是会流走，那样漫不经心但又那么随遇而安。

生活在忙碌的现代都市中，我们很少有心思去理会生活中那些简单的快乐。不知道你发现了没有，有时候小快乐比大快乐更容易让你满足，也更能持久。这是因为当你非常快乐时，你的感官受到高度的刺激，但是接下来的快乐却无法在短时间内进入。因此，快乐过后你会有一种空荡荡

的感觉。但是小快乐则不同，它们来自于简单的事物，就像清澈的天空，能让你恰如其分地感受快乐。

当你停下忙碌的节奏，就会发现，生活原本就是简单而快乐的。当生活在欲求永无止境的状态下时，我们就无法体会更高一层的生活，那是一种简单的快乐。其实，不论你的环境如何，不论你的状态如何，所谓快乐的秘诀就是——让自己的心灵回归简单。

所以我们总会说，生命中的许多东西是不可以强求的，那些刻意强求的某些东西或许我们终生都得不到，而我们不曾期待的灿烂往往会在我们的淡泊从容中不期而至。因此，面对生活中的顺境与逆境，我们应当保持"随时""随性""随喜"的心境，顺其自然，就像从掌心流走的沙子一样，以一种从容淡定的心态来面对人生，这样我们的生活就会有意想不到的收获。

学会顺其自然

有这样一个小故事：

三伏天，某禅院的草地枯黄了一大片，"快撒些草籽吧，"徒弟说。"别等天凉了。"

师父挥挥手说："随时。"

中秋，师父买了一大包草籽，叫徒弟去播种，秋风疾起，草籽飘舞。"草籽被吹散了。"小和尚喊。

"随性，"师父说道，"吹去者多半中空，落下来也不会发芽。"

撒完草籽，几只小鸟即来啄食，小和尚又急了。师父翻着经书说："没关系，随遇。"

半夜一场大雨，弟子冲进禅房："这下完了，草籽被冲走了。"师父正在打坐，眼皮都没抬说："随缘。"

半个多月过去了，光秃秃的禅院长出青苗，一些未播种的院角也泛出绿意，徒弟高兴得直拍手。师父站在禅房前，点点头："随喜。"

从小和尚和师父对外界变化的不同反应我们可以看出，徒弟的心态是浮躁的，而师父的平常心却是成熟而理性的。

"师父"的理性与平常心，值得患得患失、在狂喜与颓废之间震荡的人们思量。从预备撒草种到长出绿苗，"徒弟"的情绪大起大落，而师父却始终平和地面对。这种心态差别，源于两种人的阅历与素质。禅学中的平常心是指以平常心看透彻宇宙一切事情，确确实实地把握住目前的一切，实实在在、平平淡淡地去过有意义的生活，是一种简单面对生活的意境。

生命是一种缘，是一种必然与偶然互为表里的机缘。有时候命运偏偏喜欢与人作对，你越是挖空心思想去追逐一种东西，它越是想方设法不让你如愿以偿。这时候，痴愚的人往往不能自拔，好像脑子里缠了一团毛线，越想越乱，陷在了自己挖的陷阱里；而明智的人明白知足常乐的道理，他们会顺其自然，不去强求不属于自己的东西。

列举自己做过的错事

　　人都会犯错误，对待错误的态度常常显示出一个人的品格。敢于忏悔，勇敢地面对自己的错误，才不会被错误玷污你的灵魂。

　　在人们意识的深层，埋藏着一种叫"忏悔"的种子。正是这种种子，使人们明白了什么叫勇气可嘉，明白了什么叫诚实可贵。

　　忏悔不是原谅自己的过错，逃避责任，而是通过一种自我谴责的方式让自己受累的心灵得到喘息的机会。忏悔需要一个宁静的空间，一个人的时候是最好的。找个没人的地方，向另一个纯洁高贵的自我来忏悔吧。

　　忏悔是一种勇气，一种敢于面对自己、面对人生、面对社会充满责任的勇气。只有当一个人把推进社会进步作为己任时，才有可能毫不留情地批判自身；只有坦坦荡荡地把胸襟敞开时，才能算得上一个真正的人。从这个意义上讲，忏悔是高尚的，也是坚强的。忏悔者没有一丝羞怯，因为真诚和使命感已经成为他力量的源泉。

　　忏悔的第一步就是要想想自己曾经做过什么错事，敢于承认自己的错误是开端，不只是在心里暗暗想想就完事，要认真地用纸和笔记下来，一件一件地列举出来，然后在每一件事后面写下自己的点评和感想。当时过境迁之后你是否会变得成熟，当下次遇到这种类似的事的时候你是否还会再犯，这一切都要看你此时的表现，看你自我忏悔的深度。

　　所以，如果你的过错伤害到了某人，现在虽已时过境迁，但是在心里默默地对那个人道歉是很必要的，虽然对方已经听不到，但是这可让你警醒，让你从今往后变得更善良诚恳。然后再默默地诉说自己的内疚，诉说长久以来心灵受累的折磨，相信自己会得到对方的原谅，只要你以后不再重犯，因为你接下来要说的，就是你对以后的承诺，承诺以后要如何为自己的过错做出弥补，不是让你为已经过去的事做出什么补救，因为这也许没有任何意义，事情已经发生。当然，如果还能有所补救的话，应该及时去补救。但更重要的是，通过其他的事情来偿还，不是为了让某人知道，而是为了求得你心灵上的平静。

这种高贵的、优秀的、不同凡响而又无比挚诚的忏悔，使我们不断超越自己，不断前进，这不是在祈求原谅，而是在对过去进行理性分析，这种分析是一个曲折的扬弃过程。

所以，冷静地回头想一想，好好忏悔一下曾经的过失，对我们以后的人生是一种鞭策、一种激励。

找个独我的空间，忏悔一下自己曾犯过的错

1. 当你打碎了一只碗，却抱怨"地太滑了""磨石子路太硬，不方便走路"或者"碗太不结实了"之类。这些自作聪明地认为如此诸多借口似乎能够堵住他人的责备，殊不知这只会让自己变得更加可笑。

2. 一个女人经常背着自己的丈夫偷偷地出去会情人。一天，她又打扮得花枝招展地到河边去会情人，可是怎么等也没有等到她的情人。在这时，有一只狐狸叼着一块肉路过这里，它看见水里的鱼儿，马上就跳到水中去捕鱼，可鱼儿很快就游到深水里去了。狐狸没有捕到鱼，回到岸上，发现自己的肉已被一只正好路过的乌鸦叼走了。那个女人看见狐狸这样，就讥笑狐狸说："馋嘴的狐狸，你扔掉自己的肉，去捕鱼，结果弄得两手空空，真是好笑！"狐狸反击道："你这个女人抛弃自己的丈夫，偷偷来会情人，情人却没有等到，现在不也是两手空空吗？"那个女人只顾指责

狐狸，却不知道自己犯了和狐狸一样的错误。指责别人已经成为很多人的习惯，反省自己却比登天还难。

3. 子曰："过而不改，是谓过矣。"（《论语·卫灵公》）释义：有错不改，就是大错了。子夏曰："小人之过也必文。"小人为人处世，对于自己的过错，总会想方设法找出许多理由，把过错掩盖起来。子贡曰："君子之过也，如日月之食焉。过也，人皆见之；更也，人皆仰之。"有过错没有关系，所谓君子之过如日月之蚀，和太阳、月亮一样，总会云开雾散，仍不失原有的光明。人的本性就是趋利避害，所以当我们犯下错误时，本能的反应就是掩饰或是辩解，而这往往只能起到欲盖弥彰的效果，"过而不改"是人们工作中的一大弊病。错误一旦犯下，就像射出去的箭，不可能掩盖得住，与其最后被别人揭下面具，不如自己揭去，后者失去的是面具，前者失去的则是人格。

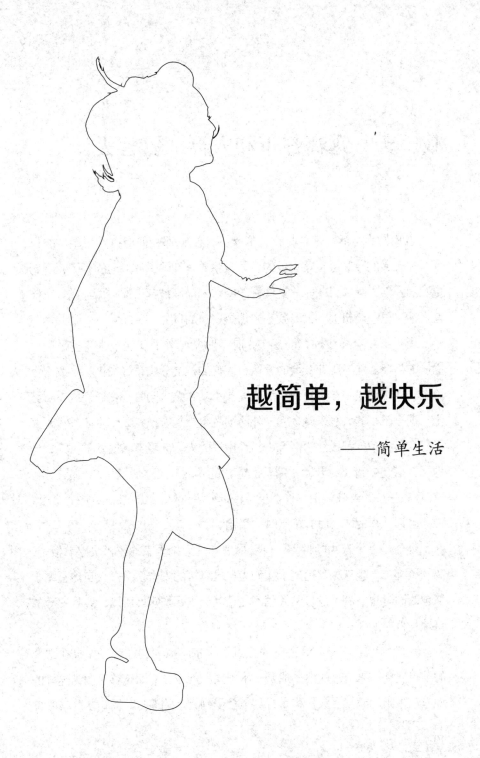

越简单，越快乐

——简单生活

找一天，远离都市和人群，露营去

　　当我们为生活而辛苦打拼，猛然间惊觉，那些仰望夜空数星星的日子，在柔嫩的草间寻觅萤火虫的日子，举着烤红薯嬉戏追逐的日子，听着虫鸣而安然入睡的日子——这些快乐的时刻渐渐被都市的喧嚣与霓虹所掩盖。给自己一个机会，去寻找心中那个安宁的世界。

　　无论家里有多少面积的豪宅，时不时常到外面住住小帐篷也是一件愉快的事情。随着工业社会的发达，人们的社会分工日趋细化，导致工作单调，而都市集中化又致使生活空间狭小又嘈杂。同时，交通设施不断健全，拥有汽车的人越来越多，户外活动变得更加方便，人们生活方式改变了。在各种条件都成熟的情况下，都市里的人们向着自然出发了，跑去野地了，搭起帐篷了，开始了露营。露营的乐趣来自逃脱繁华与自然接触："在漆黑一片的野外，抬头看看星星，听着溪水声，点起篝火，唱首老歌，说些老话，真的能暂时忘了平时的烦恼。"

　　野外是一个自由的世界，可以尽情享受无拘无束的放松快感。但是，离开了都市，也意味着远离了人们为自己修筑的安全堡垒。大自然在富于情趣的同时也充满了危机，人稍不注意就会受到伤害。所以，寻找安全的营地是首要的任务。

　　露营场地的选择，最关键的三点是排水、风力和地势。如果在选择的地点发现有水流过的痕迹或是积水现象，就应该立即转移，因为这样的地方在下雨的时候会大量积水，甚至会受到大水的袭击。而树木的枝叶偏向一方或地形形成山脊状的地点也应该避免扎营，这些地方经常会被强风吹袭，在此落脚说不定会出现满地追着帐篷跑的滑稽场面。一般来说，要找寻比较平坦，有美丽的阳光照射着，而且十分方便取水的地方安顿下来。欣赏美景，享受自由的露营生活就可以开始了。

在露营当中，还是要时时刻刻提醒自己要注意安全，在玩乐的同时密切注意天气的变化情况。在山沼、山谷地带，要注意水流量和混浊情形，水流的声音也不可以忽视，如发觉异常，应该立刻离开。如果发生落石或土崩，最重要是保持冷静，先确定落石的方向，再选定撤离的方向。打雷的时候绝对不能在草原中的大树下躲避，应该跑到距离树较远的地方蹲下。

在营地自己动手烹调美味食品，多么惬意快乐。食物当然是要选择既营养又好吃的，特别是那些含碳水化合物丰富的，一定要优先考虑。煮食的方法以简为佳，利用简单的烹调器具就可以应付，否则的话就要花上几个小时才能吃上饭。而事先需要一一处理过的食物最好不要列入菜单。尽量节省用水，而且要考虑饭后收拾是否容易的问题。喜欢食用野菜、野蘑菇的朋友在摘取的时候一定要认真辨认，小心食物中毒。也许可以来一只"叫花鸡"，或是一筒竹筒饭，烤红薯其实也不错啊，大量美食任由君选。

露营一定要注意保暖，虽然是夏秋之交，天气还不算凉，但是毕竟是在野外，晚上还是有些发凉。所以最好能带上毛毯之类的御寒，还要注意在进食中搭配高热量的食物，比如说巧克力等糖类食物。有人误认为在野外可能会因为太兴奋睡不着觉，其实当你玩了一天之后，疲乏的身体早就受不了了，美美地睡上一觉有助于恢复体力，在野外清新的空气里还会睡得格外香甜。

懂得淡泊，一个人才能获得内心的宁静

一个贪得无厌的人，给他金银还怨恨没有得到珠宝，封他公爵还怨恨没有封侯，这种人即使身居高位也等于是乞丐；一个知足的人，即使吃粗食野菜也比吃山珍海味还要香甜，穿粗布棉袍也比穿狐裘貂裘还要温暖，这种人虽然身为平民，但实际上比王公贵族更快乐。一天，有一个老头在森林里砍柴。他抡起斧子正准备砍一棵树，突然从树上飞下一只金嘴巴的小鸟。它求他不要砍倒那棵树，并答应送给他柴烧。

老头空手回到家，他对老伴儿说："明天家里会有许多柴的。"

第二天，老伴儿发现院子里多了一大堆柴，就叫老头："快来看，快来看，谁在我们家院子里放了一大堆柴。"

老头把遇到了金嘴巴鸟的经过告诉了老伴儿，老伴儿说："柴是有了，可是我们没有吃的。你去找金嘴巴鸟，让它给我们点吃的。"

老头又回到森林里那棵树下。这时，金嘴巴鸟飞来了，它问："你想要什么呀？"老头回答说："我的老伴儿让我来跟你说，我们家没有吃的了。"

"回去吧，明天你们就会有许多吃的。"金嘴巴鸟说完又飞走了。老头回到家，对老伴儿说："上床睡觉吧，明天家里会有许多食物的。"

第二天，他们果真发现家里出现了许多食物。饱餐了一顿后，老伴儿对老头说："快去找金嘴巴鸟，让它把我变成王后，把你变成国王，到时候，我们要什么，有什么。"老头又来到那棵树下。金嘴巴鸟飞来问他："你还想要什么？"老头对它说："我的老伴儿让我来找你，让你把她变成王后，把我变成国王。"金嘴巴鸟冷漠地望了一下老头，说："回去吧，明天早上你会变成国王，你的老伴儿会变成王后的。"老头回到家，把金嘴巴鸟的话告诉了老伴儿。第二天早上醒来，他们发现自己穿的是绫罗绸缎，吃的是山珍海味，周围还有着一帮侍臣奴仆。可是，老伴儿对此仍不

满足，她对老头说："去，找金嘴巴鸟去，让它把魔力给我，让它来宫殿，每天早上为我唱歌。"老头只好又去森林里找金嘴巴鸟，他找了很长时间，最后总算找到了它。老头说："金嘴巴鸟，我的老伴儿想让你把魔力给她，她还让你每天早上去为她唱歌。"金嘴巴鸟愤怒地盯着老头，说："回去等着吧！"老头回到家，和老伴儿一起等待。

第二天起床后，他们变成了两个又丑又小的小矮人。不消除欲望就不会知足，贪婪的人永不会满足，而且时时处在渴求和痛苦之中。

一个人需要以清醒的心志和从容的步履走过岁月，他的精神中必定不能缺少淡泊。虽然我们渴望成功，但我们真正需要的是一种平平淡淡的生活，一份实实在在的成功。这种成功，不必苛求轰轰烈烈，不必要有那种揭天地之奥秘、救万民于水火的豪情，而只是一份平平淡淡的追求。生活中，并不只有功和利。尽管我们必须去奔波赚钱才可以生存，尽管生活中有许多无奈和烦恼，但只要我们拥有淡泊之心，量力而行，坦然自若地去追求属于自己的真实，做到宠亦泰然，辱亦淡然，有也自然，无也自在，如淡月清风一样来去不觉，生活，就会变得很轻松。有了平淡的处世心态，你就能简单快乐地生活。

在乡下度过一段悠闲的时光

　　"归去来兮，田园将芜胡不归！既自以心为形役，奚惆怅而独悲……"这首《归去来兮辞》从公元三四百年前流传至今，经久不衰，唱出了包括陶渊明在内的人们渴望归隐田园、遗世独立的梦想。陶渊明站在一叶扁舟上，举目远眺、衣袂飘飘的形象，有着仙风道骨、看破功名的洒脱。而我们现代人，内心渴望洒脱，却被诸多的人、事、物，甚至被自己束缚着；希望有属于自己的时间和空间，却被大量的工作以及过快的生活节奏挤占着；期望发现生活中大大小小的乐趣，却被沉重的精神压力蒙蔽了双眼。大家每天考虑的东西，更多的是怎样才能多赚钱，何时才能买上房子，怎样给父母和子女更好的照顾……满足自己的物质需求、权力欲望、名誉虚荣等等，却偏偏忘记了最重要和最需要滋养的东西，那就是自己的内心。

　　想想看，你有多久没有给自己的身体放假了，又有多久没有和自己的内心坦诚相待？只是一味地追求功名利禄，忽视了自己的内心世界。到头来，功名利禄如同过眼云烟一般消散，而你更惨痛的代价是迷失了自我。所以，你不妨换个环境，到乡下去住一段时间，在那个远离城市的纸醉金迷的地方，悠闲地和自己的内心说说话，以更好地了解自己、保持自我。去乡下，是希望你能体验到另外一种生活，体会到另外一种心境。如果你本来就住在安宁淡然的乡村，相比较城市的喧嚣，你一定更热爱自己的家乡，不要总以为只有在大城里才能淘到你想要的"金"，而事实上，

44

围城里的人早就想换一种生活方式，如你一样，在乡下度过悠然自得的时光。

乡下的生活有着大自然慷慨赐予的美丽。只要我们稍加对比，就会惊喜地发现它比城市生活有着更闲适、更舒缓的情怀。仅仅一天，你就会知道它是多么值得你去享受一次。在城市里的早晨，很多人为了多睡一会都会牺牲掉宝贵的早餐时间，匆匆洗漱后就挤进水泄不通的公交或者地铁，把自己封闭在那盒子一样的小空间里。可是住在乡下，你将在鸟啭莺啼的音乐声中醒来，可以懒懒地躺在床上，带着轻松自在的心情欣喜地迎接那缓缓升起的朝阳。城市里的夏日午后，我们不得不把自己关在有空调的小房间里，在人造的凉爽环境里一边继续埋头工作，一边制造着破坏环境的有害物质。但是在乡下，你就可以邀上三五好友，一起到清幽的树林里去散散步聊聊天。树林里的气候不仅是凉爽的，还带着源于绿色生命的怡人清香。那一刻，最美的事情莫过于躺在绿油油的草地上，在清风的爱抚下，享受午后小憩的悠然自得。还有当夜幕降临时，城市是座不夜城，灿烂的灯光看花了人的眼，看痛了人的心。而宁静的乡村却会在黑暗中把白天的浮华躁动自然消解，使人的心慢慢沉淀下来，让你可以细细地去品味那布满星星的夜空中星罗棋布的故事，那些来自纯真童年的故事。

在乡下这段悠闲的时光里，你可以让自己暂时失去记忆，什么都不去想；也可以随意打开记忆的匣子，开心的或是不开心的事都拿出来翻翻看看。无论怎样，去乡下品味一段闲适的生活，都是希望你能放慢生活的脚步，放下内心的包袱，让自己的内心享受这难得的轻松和自在，展现这一刻最真实的自我。然后在回去的时候，更自信更轻松地迎接生活。

古今中外乡间生活乐趣

采菊东篱下，悠然见南山。山气日夕佳，飞鸟相与还。

——陶渊明《饮酒》

土地平旷，屋舍俨然，有良田美池桑竹之属。阡陌交通，鸡犬相鸣。

——陶渊明《桃花源记》

梅子金黄杏子肥，菜花雪白麦花稀。日长篱落无人过，唯有蜻蜓蛱蝶飞。

——范成大《四时田园杂兴》

茅檐长扫静无苔，花木成畦手自栽。一水护田将绿绕，两山排闼送青来。

——王安石《书湖阴先生壁》

活过每一个季节；呼吸空气，喝水，品尝水果，让自己感受它们对你的影响。

——【美】梭罗

杏花怒放。白昼长了，黄昏的天空常常渲染成壮丽的粉红色波浪。狩猎的季节已过，猎犬拴好，猎枪束之高阁，等待6个月以后再用。葡萄酒需求量大增，勤劳些的农夫开始整地，散漫懒怠的这时候才慌慌张张地剪枝——这是十一月就该做的事。普罗旺斯人以一种难于言表的抖擞精神迎接春天，仿佛大自然给每个人都注射了一针兴奋剂似的。

——【英】彼得·梅尔《普罗旺斯的一年》

每天"悦"读半小时

　　人类依仗着自身的智慧，享有了太多的幸福，科技使生活变得异常的丰富，不要时刻醉心于食物的操劳，享受物质的同时却发现精神日渐沙化，精神的空虚开始漫无边际，紧紧盘踞在很多人心里。

　　你是否曾百无聊赖地煎熬着时间，无所事事，精神的空虚像藤一样缠绕着你的心。它就像一剂温性的毒品，深陷其中的人们往往不知该如何摆脱。很少见到一个精神生活很丰富的人在那里自怨自艾，而狂喊空虚的人，大多是心里惶惶无所事事者，我们费尽心思追问生命的意义，到头来也就是想摆脱精神的空虚。倒不如，用书籍来驱走空虚，当你因读书而沉浸在一件有意义的事情里时，空虚反而隐身遁形了。目光空洞、唉声叹气不是摆脱的办法；为完成任务埋头工作，也不是聪明的选择；心若渴望着像大地那样丰厚的充实，恐怕还得用书籍来填满时间。因为，正如"人类最伟大的戏剧天才"莎士比亚说的那样，书籍是全世界的营养品。有了书籍源源不断的滋养，就如同花朵有了阳光和肥料的培育，人的精神不但不会感到空虚，反而会绽放出最美丽最灿烂的思想之花。所以，你只需要每天拿出半个小时的时间，来享受和以书为载体的人类智慧的交流，你的思想就会变得越来越充实，越来越感到生活的美好。

　　古今中外，有那么多名人轶事都与读书有关。晋代车胤家境贫寒，买不起灯油，为了在夜晚读书，他将萤火虫装进纱袋里作为照明之用；寒风凛冽的冬季夜晚，孙康卧雪，只为借着雪的反光享受读书的乐趣；为了读书，汉朝孙敬头悬梁，战国苏秦锥刺股……到了近现代，名人们对书籍的热爱有增无减。伟大的革命先行者孙中山先生就曾说过："我一生的嗜好，除了革命之外，就是读书。我一天不读书，就不能够生活。"书籍带给人精神上的愉悦是任何物质上的享受无法比拟和取代的。

可是，现代的人们似乎越来越不爱读书了。大家总是说自己工作很忙，生活节奏非常快，怎么有时间来好好读书呢。可是，我们很多人有时间去酒吧，有时间去K歌，有时间去网上闲逛，怎么就是没时间读书？我们真的不应该把没有时间作为不读书的理由了，这其实是自欺欺人而已。其实，说自己没有时间只是一个借口，真正的原因也许是现在的我们被太多诱惑包围，已经难以将浮躁的心沉静下来了。这个时候，才更需要书籍来涤荡我们心灵上的尘埃，用前人的智慧为自己的前路点一盏明灯。

每天我们只需要拿出短短半个小时的时间来读一点书，就可能获得极大的精神享受。这个时候，你可以泡一杯香茗或者咖啡，放上一段悠扬的音乐，暂时远离现实生活中的纷纷扰扰，将自己沉浸在文字构筑的世界里，充分享受阅读的乐趣。读唐诗宋词，你将感受到迁客骚人们浪漫脱俗的文人情怀；读名人传记，你可以了解到他们的生平和成功的秘密；读各国小说，你会见识到不同国家不同年代的人生百态；读旅行游记，你将领略到世界各地的风土人情和文化底蕴——书籍，会不断为你打开一片又一片新的人生天地。

不要小看这短短的半个小时。你想想，每天半个小时，这样日积月累，你读的书就会越来越多，获得的知识也会越来越丰富，这样的人生将会是无比充实无比有意义的。

从现在开始，每天"悦"读半小时，让自己享受读书，享受生活。

名人谈读书的乐趣

1. 毛姆——为乐趣而读书

许多在文学史上占有重要地位的著作，如今除了给专门研究的学者之外，并不需要每个人都去读。生活在繁忙的现代，很少人有时间博览群书。除非与他们有关的书籍。不论学者们对一本书的评价如何，纵然他们众口一致地加以称赞，如果它不能引起你的兴趣，对你而言，仍然毫无作用。别忘了批评家也会犯错误，批评史上许多大错往往出自著名批评家之手。你正在阅读的书，对于你的意义，只有你自己才是最好的裁判。每个人的看法都不会与别人相同，最多只有某种程度的相似而已。如果认为这些对我具有重大意义的书，也该丝毫不差地对你具有同样的意义，那真毫无道理。虽然，阅读这些书使我更觉富足，没有读过这些书，我一定不会成为今天的我，但我们请求你，如果你读了之后，觉得它们不合胃口，那么，请就此搁下，除非你真正能享受它们，否则毫无用处。没有人必须尽义务地去读诗、小说或其他可归入纯文学之类的各种文学作品。他只能为乐趣而读，试问谁能要求那使某人快乐的事物，一定也要使别人觉得快乐呢？

2. 严文井——读书，人才更加像人

如果一个人有了"知识"这样一个概念，并且认识了自己知识贫乏的现状，他就可能去寻求、靠近知识。相反，如果他认为自己什么都懂，他就会远离知识，在他自以为是在前进的时候，走着倒退的路。当我明白了自己读书非常少的时候，我就产生了求学的强烈愿望。当我知道了世界上书籍数目如何庞大的时候，我又产生了分辨好坏，选择好书的愿望……如果我在思考一个问题，长期得不到解答，我就去向古代的智者和当代的求索者求教，按照一个明显的目的，我打开了一本又一本书。

有的书给了我许多启发，有的书令我失望。即使在那些令我失望的书面前，我还是感觉有收获。那就是：道路没有完毕，还得继续走下去，书籍默不作声，带着神秘的笑容等待着我们。当你打开任何一本书籍的时候，马上你就会听到许多声音，美妙的音乐或刺耳的噪声。你可以停留在里面，也可以马上退出来。书籍对所有的人都是平等的。即使你没有上过任何学校，只要你愿意去求教，它们都不拒绝。我读过一点点书，最初是为了从里面寻找快乐和安慰，后来是为了从里面寻找苦恼和疑问。只要活着，我今后还要读一点点书，这是为了更深地认识我自己和我同辈人知识的贫乏。书籍，在所有动物里面，只有人这种动物才能制造出来。读书，人才更加像人。

偶尔干点体力活，让体力劳动代替脑力劳动

常常会看到这样一个画面：工地上的工人们带着橘黄色的安全帽，坐在路边吃着盒饭，虽汗流浃背，但是心满意足。我们很难感受到他们赚"血汗钱"的艰辛，也曾无法理解这满足来自于哪里。月薪几万的外企人员每天眉头紧锁忧心忡忡，而每天辛苦劳作大汗淋漓却领着日薪的工人，却一脸的笑容，很阳光地过着简单的生活。而后渐渐明白，能够出一身汗赚些小钱，然后不用担心明天如何的那些人，是生活状态最单纯的人。对于他们来说，虽然生活并不富足，工作也不闲适，但恰恰是每天都能有所收获，只要累出一身汗，就有收获，能回家吃好饭，就足够了。未来如何，不要考虑，每一天这么过，安稳踏实，没有远忧。

辛苦的体力活必然是累人的，但出一身汗，和身边一同努力的人们乐呵上几句，总比每日缺乏运动要来得强。那些干体力活的工人们总说，"现在的什么白领啊，都是病秧子"，倒也不是全无道理。每日端坐在屋里，不用弯腰、劳作，夏天有冷气，冬天有暖气，不怕冷也不怕热，出个门，开辆车，也就不用担心什么天气状况了。自然不像工人，每天要看着天气预报，想着明天穿什么衣服，会流多少汗。但是看似无忧的生活却把人都折磨得毫无体质可言了。天气的变化稍微大些，一大批人就得伤个风寒，实在弱不禁风。再而，在办公室里整日端坐的人们，看似悠闲，却不畅快，总好像郁郁寡欢似的，因而总要羡慕工人们吃盒饭的欢快劲儿，甚

是可爱。

有空的话，如干点体力活也不错。想想虚弱的体质，想想每日无聊的重复工作，一个人要想心情痛快，总归需要点发泄，若是每天的状态都一成不变，想不烦躁都难。晃晃悠悠的，去上班，下班，上班，下班，早就忘了不同的体验有些什么了。

好好出身汗，感受一下劳动者们的艰辛和他们的生活状态，也许你也会像他们一样开怀大笑，那时大概自己都会觉得惊喜了吧。如果可以的话，回家洗把澡然后想想，不同生活之间的差别，然后给自己记篇日记，当作一次经历。要知道，一个只能脑力劳动而没有任何体力的人，是不健全的。身心的双重健康才能造就幸福的人生。

动动手，让自己变得心灵手巧

1. 煲汤：煲汤是一种能让我们心灵手巧的家务劳动。一方面，我们可以说它是一项体力活，因为拎着大包小包的食材回家，还有洗菜切菜等，都是需要我们付出汗水的；另一方面，要把一道菜做得色香味俱全，没有一颗灵巧的心也很难办到。当我们煲好一锅汤，把它端上饭桌时，家人享受美味的表情就是对我们劳动的肯定。而那些源于工作和生活的压力也会随着这次劳动的汗水而排出体外。煲汤的同时，享受美味，获得健康，又能适当地锻炼身体，让自己更加心灵手巧。做这样一件如此简单的事却能带来这么多好处，何乐而不为呢？

2. 改造旧物：找个时间，把家里好好整理一下。一番挥汗如雨之后，看着变得井井有条的屋子和自己整理出来的那些旧物，内心一定会充满了感动与满足。休息的时候，你可以计划一下有哪些旧物可以改造，可以再在哪些场合派上用场，把你的创意和激情充分释放出来。同时，废物利用也为节约资源保护环境贡献了一份自己的力量。

3. 现实版开心农场：挑个风和日丽的好日子，约上三五好友一起去现实版的开心农场干点体力活，种种菜或者喂养一下家禽，让自己既体会到适当劳动带来的身体的放松，又享受到此时此刻田园生活里的与世无争。

每一年去洗一次牙，保持口腔健康

有没有在忙碌中关注过健康问题？每天以紧张的节奏奔忙，想着"年轻就是资本"，就拼尽全力去不断挑战极限，听不进去那些忠言逆耳，说"身体最是要紧啊"。人生须臾，可能还没到享受，就被疲惫打倒，也是大有人在的。

自己的健康状况没人能帮得上忙，只有自己照顾自己，记得及时检查，及时调养，才能够总是以最佳的状态来面对生活，享受生活。当然，我们要关注的，不仅仅是肠胃、血糖、血压，还有那些极其容易被忽视的部分，比如口腔健康。且不说你有没有牙周炎、牙龈炎这些症状，就想想牙疼的时候，万箭穿心一般，白天无心工作，夜晚无心睡眠的痛苦就够受的了。

我们每天刷牙，早晚一次，有时候吃完午饭也清洗一次，就认为万事大吉了。殊不知每天刷牙大多都没有达到预期效果，一年下来，积累的牙石、牙垢，总是不可避免的，时间一久，牙周炎、牙龈炎那些疾病便都来了。自然，牙齿总是不够白，笑也不敢露齿，战战兢兢，更是不自信了。

最好给自己设定一个时间，比如一年，一年洗一次牙，但是要去专业的医院，保证权威性和专业性。设定好时间，就每年记得去做，洗牙的同时也能全面检查口腔。随时保持口腔健康，总是不容忽视的"小事"。

诚然生活中有千千万万的小事，如果每件事都去关注也许就要耗费大量的时间，反倒耽搁了"大事"，但是小事若关乎健康，就不得不去关注了。"大事"再大，也大不过自己的身体状况。没有"革命的本钱"，一切的事情都是纸上谈兵。

牙齿白了，口腔健康了，继续工作、生活，对身边的人笑，对自己笑，对生活笑。记得随时关护自己。当我们已经独立生活，闯事业，做事事，自己负担生活，独自承担压力，就更该照顾好自己。友人、师长，可以帮助你的学业、工作，帮你出谋划策，却无法照看你的生活。因此，要想突破、超越，无论如何都要将自己的生活照顾妥帖。自我关注，至微处，点点滴滴，需一切安好才可。

洗牙

"洗牙"其医学专业术语称为"洁治"。"洁"，即清除牙面细菌、牙石、色素等牙垢；"治"，即治牙周病。洗牙需定时进行专业洗，通常每年1~2 次，它在发达国家已经成为普及的口腔保健。洗牙时，专业医生对口腔进行检查，及时发现口腔疾病。

由于人们在日常的进餐过程中，牙齿表面会留下痕迹，仅依靠刷牙是很难清除的。有些人更是由于对口腔卫生不重视，而使牙垢滋生繁衍，进而导致了牙周病的发生。牙周病又会引起牙龈发炎、出血，甚至口腔异味等状况。因此，为防止隐患重重，定时的专业洗牙是十分必要的。

洗牙除了能使牙齿更加白净以外，更重要的目的是对于口腔疾病的防治。对于牙龈炎、牙周炎等口腔疾病，洗牙可以轻微缓解，但不能根治，因此要想治愈，还是要专业治疗。

之所以要专业的洗牙，是为防止不正规操作会带来适得其反的效果：首先，不正规的操作不能彻底清除，可能只能除去表面的一层，而留下的深层牙垢是致病作用最强的部分。这样就根本无法达到防治口腔疾病的初始目的。再而，操作中可能损坏牙龈，使得牙根暴露。这时若不作治疗，不仅会疼痛不堪，而且牙周炎的病情反倒会加重。更严重的是，可能造成交叉感染，特别是一些全身性疾病。由于洗牙会出血，所以类似于肝炎或结核病等病症会极容易传染。因此洗牙一定要注意选择正规的医疗机构，找有相关专业培训过的医务人员，否则洗牙效果适得其反，就不值得了。

成人的牙齿保健

1. 小心根面龋。人过中年，牙周萎缩，牙颈部和部分牙根就开始暴露出来。由于这些部位硬度低于牙冠，因而容易出现龋洞，就称为根面龋。根面龋位置隐蔽，不易被发现，因此中老年人务必要定期检查牙齿，及早发现及早治疗，不要一直等到疼痛难忍才开始注意。

2. 防治牙周炎。牙周炎是十分常见的一种口腔疾病，虽然看似不严重，许多人只认为导致牙周炎的原因是虚火上升使得牙周发炎，吃点药物止住就没什么大问题，殊不知它的严重性不比龋齿低。牙周炎反复发作，对牙周损害严重，甚至会导致牙齿松动，直至脱落。牙周炎症状出现时，切莫只是吃点药解决问题，而要做更加透彻的牙周检查和治疗，彻底地治愈它。

3. 重视补牙。年轻时牙不好，老了，缺几颗好像也不是什么罕事——好像所有人都认为这理所当然。但其实在此同时你会发现，你的咀嚼能力下降了，消化和吸收功能没那么好了，甚至周围的牙齿都会更容易松动。因此，如果有缺失牙，千万不可偷懒，及时镶上牙才能防止更多口腔疾病的发生。

4. 用温水刷牙。遇到冷热酸甜就会牙齿酸软的现象已经不是一天两天，这是因为中年以后牙面磨耗、牙周萎缩，使得牙本质暴露出来，牙就异常敏感。不要认为这是自然规律，如果这种冷热酸甜的刺激不断反复，就很可能会导致牙髓炎的发生，对牙齿的危害极大。温水刷牙正是防止发生牙髓炎发生的简单可行的方法。

从内到外，清理你的电脑

电脑从 1946 年诞生之时那样一个庞然大物，发展到今天，体积越来越小，重量越来越轻，功能越来越强大，这可能是当初它的那些发明者谁都没有意料到的。如今，电脑已经成为我们工作和生活中非常重要的一部分，如果哪一天电脑出现了问题，其后果将会非常严重。就拿 10 年前一名菲律宾学生研制出的病毒"爱虫"来说，它攻击电脑系统，使得电脑瘫痪，造成的损失高达 100 亿美元。这还只是 10 年之前，在电脑进一步普及的今天，造成的损失一定会更加严重。而且，我们的很多资料，包括工作、学习、生活等各方面的资料都存在电脑里面，一旦丢失，失去的不仅是信息，还有很多具有精神价值的东西。这方面的损失又是无法用金钱来衡量的了。所以，保持电脑的健康，从内到外清理一次，真的很有必要。

要清理电脑，大家首先想到的一定是清理电脑软件方面的内容，以维护系统的健康安全。这方面的工作其实都不用我们人为操作，只需要在网上下载一些相关的软件就可以了，比如电脑优化大师、杀毒软件，等等。只要定期进行杀毒、清理垃圾文件等工作，一般来说，就可以保证电脑的安全。

而清理电脑外部则是比较需要时间和细心的。在清理前，需要准备好相关的工具，利其器才能善其事。需要的工具也不复杂，很方便就能买得到，比如灰尘清洁刷、专用清洁剂之类的东西。清理时，注意拔掉电源、手上不要有水等细节问题就可以了。这本来就不是什么高难度的技术活，我们自己在家里就可以很容易地完成，只要稍微有点耐心，再小心一点就足以保持电脑外部的清洁美观。

定期从内到外地清理电脑，既可以提高电脑的运行效率，让我们可以更高效地进行工作和学习，也有助于培养我们做事有条理的好习惯。我们不但要定期清理电脑，还要定期清理自己的办公桌、书桌等地方。把不需要的东西都扔掉，需要的东西进行不同的归类，这样在我们要找什么东西的时候就会非常方便，不但节约了时间和精力，还可以提高工作的效率，何乐而不为？

清理电脑外部时的注意事项

1. 需要的工具：螺丝刀、专用吸尘器、专用清洁剂、清洁刷（没有清洁刷的话可用毛笔代替）、棉花棒、皮老虎、无水酒精、超细纤维擦拭布等。

2. 在正式清理之前，请一定记得拔掉电脑电源，并且保证手上不要有水。

3. 如果是在质量保证期内，可以到专门的维修点请专业人员清理。要是自己动手清理主机箱的话，可以用螺丝刀小心地拧开。拧到最后一颗螺丝钉的时候，注意用手托住电源，以防电源掉下来砸坏主机板。在拆卸时记住各种线是如何插进去的，例如各种线的排列位置，不同颜色的插线插在不同的插头等，以免清理完后无法还原。主机板表面的灰尘用清洁刷轻轻擦拭即可。清理散热风扇可以使用不多毛的毛巾。在清理内存条和适配卡时，可以用皮老虎和清洁刷双管齐下，互相配合使用。

4. 显示器的清洁。显示器屏幕上附着的灰尘越多，电脑辐射就会越强，这对我们人体的健康不利。所以我们应该时常保持显示器的清洁明亮。如果没有清理显示器屏幕的专业清洁剂，可以用清理玻璃或者电视机屏幕的清洁剂代替。在清洁时，要小心不要让清洁剂滴到显示器里面。擦拭时，动作应轻柔，可以从屏幕的中间向两边单方向进行，最好不要左右来回擦来擦去，否则既有可能因为较大的灰尘颗粒而划伤屏幕，又不易清理干净。

5. 我们很多人喜欢一边使用电脑一边吃东西，这其实是对身体非常不健康的坏习惯。因为电脑键盘在使用时暴露于各种灰尘和细菌之中，本身就沾上了很多细菌和灰尘，这样一边触摸键盘一边吃东西，就会把细菌吃进肚子里，危害人体健康。同时，食物碎屑也有可能掉进键盘的缝隙里，难以清理。在使用键盘时，不妨铺一张键盘膜，可以减少灰尘和细菌的入侵。在清理键盘时，可以先用清洁刷将多的灰尘除去，然后用专用吸尘器把细小缝隙里面的灰尘吸走。

6. 鼠标因为长时间的使用会越来越不灵敏，原因除了是鼠标本身出现了问题以外，也有可能是附着在它上面的灰尘太多，以致影响了它的灵敏度。在清理鼠标时，可以用细小的棉花棒蘸少量的无水酒精擦拭即可。清洁鼠标表面则可以使用擦拭布。

7. 在清理电脑时，不要忘了一并清洁鼠标垫。它的清理非常简单，只需要用擦拭布沾上适量无水酒精擦拭掉表面的污渍就行了。

彻底规划每个月的瘦身计划

　　瘦身，不是为了骨感，不是为了迎合潮流，而是为了保持身体的健康和心情的愉悦。这是我们在制订这个瘦身计划之前，要必须记住的道理。现在似乎有一种错误的审美观念，认为越是瘦的就越是美的，零号女模在 T 型台上大行其道，错误地引领着所谓的时尚潮流。反过来，大众的审美观念又影响着模特们的高矮胖瘦，仿佛谁的身体都不是自己的，都是这瞬息万变的潮流的。可是，这些年来不断传出模特因为减肥而饿死的丑闻。比如，乌拉圭裔名模路茜尔·拉摩斯为了保持骨感的身材，在连续吃了 3 个月的莴苣叶之后，最终因为心力衰竭死亡，死时才年仅 22 岁。这样的"美丽"，要付出生命的代价，谁还敢追求呢？其实，一个人只要健康，身材符合自己的身体比例，就是美的。因主演《泰坦尼克号》而大红大紫的女星凯特·温丝莱特，一直以来都被一些媒体戏称为"肥温"。在这个以瘦为美的时代，尤其是在更加极端的娱乐圈里，肥胖这个词对很多女星来说，甚至比地狱还恐怖。但是，凯特·温丝莱特从不因为媒体的戏谑而自卑，更加没有因为别人的眼光而把自己饿得骨瘦如柴。她说："你们不必为了减肥而苛待自己，不必为了达到目标而使自己瘦成皮包骨。"是的，凯特并不符合那些零号女模的审美标准，但是我们谁都不能够忽视她的美丽。她的身材足够匀称，她的自信和对自己的喜爱足以感染看到她的每一个人。这才是经得住岁月磨砺的美丽。在瘦身之前，你想清楚自己的真正目标了吗？

　　制订瘦身计划，应该以健康、科学为主。我们不能只是关注瘦下来的速度，更应该关注的是这个过程是否有助于我们的身体健康，是否能够帮助我们获得阳光的心理状态。所以，过度节食不应该出现在我们的瘦身计划里。我们可以适当控制饮食，比如少吃零食，不吃垃圾食品，少吃多餐等，但是绝对不能让自己只吃水果、蔬菜或者干脆断食，这种减肥方法不仅会给身体造成极大的伤害，还会严重影响我们的心情。而且，一旦停止节食，体重会马上反弹，甚至变得比以前更胖。这真的是得不偿失了。另外，运动永远都是最健康的减肥方式。它既可以帮助我们实现瘦身目的，还可以提高我们的身体素质，同时有助于释放压力，保持心理健康，是一举三得的好方法。总之，合理的饮食计划和运动计划，是正确科学的瘦身计划不可或缺的组成部分。

　　制订好了瘦身计划后，我们一定要严格地实行，因为没有坚持就没有胜利。虽然最开始的一段时间一定会感到辛苦，想要放弃，但是只要坚持了下来，让合理的饮食、健康的运动成为了我们的习惯，这一切实行起来就会变得越来越容易，我们要去发现去享受瘦身过程中的乐趣。

　　每个人的瘦身计划各有不同，但是目的只有一个，就是让自己变得越来越美丽。这份美丽是自己喜欢的，而不是为了迎合潮流的口味。只要我们最后是匀称的、健康的，即便有些地方是不完美的，我们仍然接受这样的自己，深爱着不完美的自己。

瘦身前，请你读一读

爱不完美的自己

——凯特·温丝莱特

　　什么是完美呢？世界上并不存在任何完美的事物。你不应该总是期待着完美而对自己过于挑剔。

对于年轻女性来说，有一点是非常重要的——那便是你要对自己感到满意，尽管电影和杂志总是会给你施加种种无形的压力以及错误的引导。

事实上，出现在每一期杂志封面上的女模特或者女演员，都是经过了一番长时间的浓妆艳抹，她们的头发经过专业的发型师长达两个多小时的细心打理，她们必须一直屏气收腹，并且使头保持在某个高度和角度上，这样一来，她们下巴上的赘肉和皱纹就不易显露出来了。然后，那些可怜的年轻女孩便去购买这些杂志，心里想着："哦，我想看起来和她一样。"却不知道，她们心中的偶像其实并不是那样的。一个名为《我想有张明星脸》的电视节目令我感到相当震惊。节目讲述了一个希望自己看上去像我的女孩子的整容经历。起初，我被激起了兴趣，于是也坐在电视机前观看，几分钟之后，我开始哭泣起来。这个女孩切除了自己的一部分胃。我简直不敢想象她究竟经历了一番怎样的痛苦过程。

这个女孩并不知道真正的我是什么样子的。她希望自己也拥有一对像我那样丰满的乳房。然而当你哺育过孩子，随着岁月的流逝，在地球引力的作用下，你的胸部会不断地下垂、松弛。这就是发生在女性身上的自然规律。

这个女孩收藏了所有以我为封面的杂志，她观看了我出演的所有影片，只是希望看起来像我。我为她感到痛心，因为她被这些杂志和电影呈现出的关于我的完美形象深深地误导了。

如果那个想看起来像我的女孩子走进我的寓所，我会把我的感觉告诉她。我会说："站在那儿，不要动。"然后我将衣服脱下，告诉她说："这才是真实的我。我没有那样又翘又浑圆的臀部。我没有一对既丰满又高耸的乳房。我没有一个平坦的小腹。相反，我的臀部和大腿上堆积着大团的脂肪。"我很想大声说："这才是真正的我！"

真的，我并不是那样火辣的美丽女星。我根本就没有那样完美的身躯。

　　我是幸运的，因为我想我足够成熟了，懂得去营造一种内心的平和。我也曾经历过那种精神和情绪都处于紊乱不安中的青春期。我清楚时代真正的不幸在于：女性们似乎觉得，为了得到爱，为了与某个男人建立一种亲密的关系，她们必须看起来美妙无比。这真是让人难过。

　　或许我能够告诉年轻的女性：你们不必为了减肥而苛待自己，不必为了达到目标而使自己瘦成皮包骨。

　　我从来没有梦想过要成为一个电影明星。我只是知道我想去表演，想去做我在这个世界上最为热爱的工作。而现在我正在做着这些。我获得了成功，我不打算使自己为了这一目标而饥肠辘辘。这对我来说很重要。

取下手表，关掉手机，"消失"一天

10：00 要参加一个会议，11：00 的时候有个大客户要见，飞机 13：00 就要起飞了，17：00 之前必须把一份资料整理好交给上司……天呐，时间过得这么快，脑海中全部都被数字时间占据，慌乱中想到还有好多事情没有做完！不住地打量手表，指针规律地"嘀嗒嘀嗒"走着，被现代生活奴役的我们也被时间催促着、逼迫着向前赶。马路上，车水马龙，人们焦灼地等待着红绿灯由红变绿，又由绿变红。迈开大步流星的步子，似乎每一个步子要迈多大都经过了时间的计算，机械得如同手表上的指针。

你是不是蓦然发现，自己变成了时间的奴隶，戴好手表是出门前必须做的事，如果哪天忘记了或者手表坏掉了，你这一整天都会过的烦躁而焦虑。还有一样东西，也是你的出门必备，那就是手机。准确地说，不只是出门，在家的时候，不也是把手机放在伸手可及的地方吗？手机一响，你便立马进入了"备战"状态，即便是在半夜。上司是不是又突然给你安排工作任务了，同事是不是把你当成了"便利贴"，朋友是不是又叫你陪他去做这做那？是，你是一个好人，你很愿意做这些事情去帮助别人。可是事实上，你也有好多好多的事情要做，你也会觉得忙不过来透不过气，你也需要身体的休息、心灵的放松！那么，当有一天你厌倦了这些接踵而来的事情，很想好好地休息一下时，就对自己好一点，干脆扔掉手表，关掉手机，"消失"一天吧。不要担心别人找不到你，事情就没法完成。要知道，这个世界少了谁，地球都还照样转。

　　关上所有能让你洞察到时间流逝的装备，安安静静地等待时间的流走，踏踏实实地做你该做的，不要着急去看时间，阻断外界的纷纷扰扰，让这一整天的时间完全属于你自己。在这一整天的时间里，你想做什么都可以，只要能让你彻底地放松下来，你所做的一切都是有意义的。

　　不想出门，不想去忍受嘈杂的人声车鸣，那就待在自己的小窝，享受做一天宅男宅女的自由自在。早上终于可以睡到自然醒了，伸个大大的懒腰，算是向阳光问好。不用在脸上涂脂抹粉，让皮肤自由地呼吸，也不需要西装革履地搭载公车，带着微笑环顾一下你生活的环境，再泡上一杯喜欢喝的咖啡或者清茶，慵懒地躺在沙发上，看看电视、看看书，真是自在又惬意。晚上不用参加什么聚会，也不需要为了应酬而假装豪迈，做个面膜便可以早早地上床睡觉了，连这晚的梦都比往日来得更轻盈。

　　或者，你也可以到郊外走走，换个环境有助于舒缓工作压力和人际压力。没有呼朋引伴的喧嚣，没有顾此失彼的担心，没有必须应酬的人，没有不得不做的事……总之，此时此刻你就是你自己，想笑就笑，想哭就哭，绝对的真实绝对的轻松。躺在郊外的草地上，大自然的虫鸣鸟叫是最美丽的乐章，还有草的清香、阳光的温暖将伴你小憩片刻。大自然会以她博大的胸怀接受你的抱怨和委屈，倾听你的烦恼和压力，然后以其自然的美，让你的脸在不知不觉中绽放出最美丽的微笑。其实我们每一个人的笑容又何尝不是大自然里的一朵花？

　　抑或者，去电影院里看一场好看的电影。动作片不错，在打斗之中将心中的不满发泄得淋漓尽致；爱情片也行，山盟海誓，原来生活还是这么地甜蜜；喜剧片很棒，疯疯闹闹开怀大笑，既然开心是一天，不开心也是一天，那干嘛不开心点；文艺片也可以，让心情的节奏慢下来，在电影的胶片中去体会导演的用心良苦；动画片很好，童心未泯返璞归真，孩子的世界是最清澈最知足的。但电影终究只是电影，它们只是给你提供一个释放的出口。你可以随着男女主角一起哭一起笑一起幸福一起痛苦，可是，不要忘了，你只是一个旁观者。说到底，电影里的事情与你无关。看完了，就结束了。不管结局是好是坏，你的心情都应该随着它的结束而轻松起来。有时候，用这种看电影的心态去看待自己的人生，把自己当成一个旁观者，一件事情的结束就像电影的落幕，不用再去背负那么多心灵上的包袱，只需要重新开始下一段"电影"。这"消失"的一天，就是为了你能够重新开始。

再或者，去逛逛街也不错，是时候好好地慰劳慰劳一下自己了。去试一件全新风格的衣服，不要害怕改变，改变有时候能带来奇迹。要是合适就一定要买下来！你没有盲目冲动，也不要犹豫不决，适合自己的才是最好的，而适时改变自己则是必需的。要不，去换个发型也行。有研究表明，当你心情沮丧的时候，一个新的发型能够改善人的心境。看着镜子中不一样的自己，自然眼前一亮，心情大好。让改变成为这一天的主题词，明天将会是全新的一天！

总之，在这一天里，你可以做好多好多的事情，当然都是你自己喜欢的，也可以什么事情都不做。没有时间的紧迫，没有手机的催促，你释放压力，你放松自我，你点燃激情，你热爱生活。准备好了，明天便可以开始重新起航。

品味生活该知道的事

1. 夏天洗澡的时候，在发泡的沐浴球上洒上风油精会很凉爽。

2. 被蚊子咬，最快的方法是用香皂沾水后涂一下。

3. 下雨天路滑，如果在鞋底两端各贴上一片创可贴就不会滑倒了。

4. 被辣椒辣手，倒点白酒涂患处，擦 3～5 分钟就好了。

5. 仰头点眼药水时微微张嘴，这样眼睛就不会乱眨了。

6. 眼睛进了小灰尘，闭上眼睛用力咳嗽几下，灰尘就会自己出来。

7. 吃了有异味的东西，如大蒜、臭豆腐，吃几颗花生米就好了。

8. 不住打嗝时喝点醋，立竿见影。

9. 吃完大蒜后，喝一杯牛奶，牛奶中的蛋白质会与大蒜发生反应，就可以有效去除蒜味了。喝牛奶时，注意要小口慢咽，让牛奶在口腔中多停留一会儿，而且最好喝温牛奶，这样会更好。

只要去做，就会改变

——创意生活

大方地流一次泪，不管什么场合

　　我们来到这个世界的第一刻，带着的是那响亮的第一声啼哭。这声啼哭是尖细的，带着刀刃的锋利，是为了从今以后在流逝的无声无息的岁月里，划开这个世界的表面，看到它的内核。而这个内核里还有一个内核，那便是你自己的心。活着的每一个人，都应该知道自己是不同于任何其他人的，而这不同便是源于那颗心。可是，随着年岁的增长，我们开始一点点地接触社会，这个社会有美好的一面，但同样也不缺少功利、算计、狡诈、伪善……那些复杂的人际关系、利益纠葛像一团剪不断理还乱的麻。

　　为了在这里找到一小块儿属于自己的立足之地，我们不得不放弃了与生俱来的很多东西，比如小孩子的简单透明、率性而为。平日里我们负累如此之多，你是不是也有着好几个面具，和大家一样，贴身藏着？说是藏着，却也并不十分准确，每天不管是工作还是生存，我们都要面对形形色色的人群，并有沟通交流的必要，很大程度上我们都需要冠冕堂皇的面具。或许这就是我们生存的悲哀，其实有时想想，大部分人都是如此欺人和自欺。

　　偶尔你放松或放纵时，会突然为自己此时此刻的变脸而感到害怕和尴尬。明明很讨厌这个势利的领导，难以忍受他那张笑里藏刀的脸，却偏偏要装出很尊重他的样子笑脸相迎；明明觉得这份工作会埋没自己的才华，像蛀虫那般将如缎似锦的青春咬得百孔千疮，却偏偏还是要每日按时上班再苦苦地熬到下班；明明压力大到夜夜失眠，苦于如何解决生活中工作中的种种难题，却偏偏还要装得活力四射、踌躇满志，仿佛天下没有自己解决不了的事；明明内心有着千般愁万般痛，那里面是自己对理想的坚持、现实的妥协以及灵魂的苦苦挣扎，汇成了千言万语、万语千言，到头来不过也只是化作几个字——说不出、不想说。因为没人会懂自己。内心的寂寞和自我封闭是融在血液中烂进骨头里的，却偏偏还要装出嘻嘻哈哈、合人合群的样子。

想想看，你有多少个"明明"，就有多少个"偏偏"，也就有多少个假面具。可是，你知道，面具原来是有根有须的，戴得太久了，那些根须就会扎进肉里，成为你脸的一部分，永远都摘不下来。到最后，你的脸和别人的脸有什么分别？你的心和别人的心又有什么分别？

向现实妥协了那么多，还不算，就连哭泣也要遭到压制。内心本是十分伤心了，却还要强忍住满眼的泪水，告诉自己不要哭不要哭，即便它可能是你最直接的救济。你竟然妥协得如此彻底，一败涂地？

可是，你为什么不能哭？哭泣是我们的本能，是我们来到这个世界的见证。为什么要活得那么累？为什么要那么在乎那些不相干的人和事？为什么不大大方方地流一次眼泪，管它什么场合，什么规矩？谁没有做过小孩，又有哪个小孩不是想哭就哭，虽然任性却最是真情真意？

不要担心哭过之后的后果。没有人会觉得你是脆弱的，或是虚伪的，因为你只是表现出自己最真实的一面而已，甚至恰恰做了他们也想做的事。那些真正爱你的人只会从你的眼泪和抽噎中，生发出更多对你的关爱和疼惜，就像心疼孩童时代那个偶尔任性的你。至于那些不爱你的人，又何必去在意他们怎么想。

如果你累了、倦了、痛了、想哭了，那就大方地放声哭一次。咸涩的眼泪会溶解掉那些虚伪的面具，痛快的号啕能够冲破现实的藩篱。它会帮助你释放出所有的毒素，不管是心理上的还是身体上的。我们有时需要

71

这种自我调整，不要再背叛自己内心自然的心意，想表达什么，找个时间实现它。

强忍眼泪的害处

美国圣保罗—雷姆塞医学中心精神病实验室专家曾进行了一项关于流泪的研究。该研究发现眼泪有助于缓解人的压抑感，对促进身体和心灵的健康均有帮助。而强忍眼泪则会对人体造成非常不好的伤害，其后果无异于"慢性自杀"。

医学专家们发现，眼泪含有一种有毒的生物化学物质。如果强忍眼泪，不让这种有害物质排出体外，就可能引起心跳加快、血压升高和消化不良等症状。眼泪分泌不畅，还会影响细胞正常的新陈代谢，严重时可能形成肿瘤。

流泪的好处

眼泪能够释放压力，排除有害物质，放松身心，促进其健康发展。一般来说，人们哭过之后，其情绪强度会减少40%左右，大大减轻了负面情绪的影响。

泪水中含有溶菌酶、免疫球蛋白和乳铁蛋白等物质，能够抑制细菌增长并杀死细菌，从而保持眼睛的清洁。

眼泪会在角膜表面形成一层厚度为6微米～7微米的液体薄膜，润滑眼睑和眼球，起到减轻散光、改善角膜光学特性的效果。

应当注意的是，不要长时间哭泣，最好不要超过15分钟，否则长时间流泪会促使盐分大量排出体外，人会变得口干舌燥，不利于眼睛和身体的健康，还会导致胃肠功能失调。

开怀畅饮，尽情尽兴地醉一次

　　中华民族五千年的文化源远流长，这其中也包括中国的酒文化，它渗透在我们的生活、娱乐与文学艺术中，与我们的生活息息相关。不管男人女人，不管什么场合，酒都起着助兴解压的作用，所以我们离不开它。开怀畅饮一杯酒，既显示着男性醉酒后指点江山的豪迈，又有着女性微醺后千娇百媚的姿态。我国历史上有很多关于酒的名人轶事。汉高祖醉酒斩白蛇，留下起义反秦、王莽灭平帝（指西汉传位到汉平帝时，王莽起义）的动人传说；"李白一斗诗百篇，长安市上酒家眠"（杜甫《饮中八仙歌》），诗仙太白又何尝不是酒中仙；唐朝画圣吴道子，作画前一定要酣畅一番，酩酊大醉之后即可挥毫立就；婉约词人李清照"沉醉不知归路"，那"误入藕花深处……惊起一滩鸥鹭"的情态最是有着女性的天真与可爱。

　　酒，不能果腹，难以止渴，却是美的催化剂，是天地间灵气的聚集。自古以来，酒就是我们表达感情的最佳方式之一：亲友聚会，要用酒来展现彼此思念的热烈；丧葬祭祀，亦是清酒一杯，聊以安慰；婚姻嫁娶，怎么可以少了美酒助兴；个人独酌，不也有着"举杯邀明月，对影成三人"的情致。酒，能够让人们解除心灵的戒备，展现自己最真实的一面。或开怀大笑，或痛哭流涕，或呼呼大睡，或展现孩子般的淘气与顽皮……一千个人有一千个哈姆雷特，一千个人也有一千个醉酒后的真情实态。不论开怀畅饮之后有着怎样的酒后姿态，都请你尽情尽兴地醉一次，卸下心里的

73

防御与伪装，做一次真真正正的自己。更何况，每个人都只有一生，仅此一次的一生，难道不应该痛痛快快地做自己吗？正如李白所言："人生得意须尽欢，莫使金樽空对月。"

酒醉之后，你可以和知己做一次推心置腹的交谈；可以尽情放开喉咙唱出心里的歌。或许这样做可以让你从平日里种种烦闷与困境中就此走出来，心胸豁然开朗，超脱达观。其实，醉酒的又何止是人的身体，还有那颗放松下来的心。也许精神的醉意朦胧才是喝酒人的真正目的吧。

村上春树有一本旅行游记，叫作《如果我们的语言是威士忌》，记录了他和妻子村上阳子在苏格兰和爱尔兰的威士忌胜地的所见所闻。翻开这本书，就好像闻到了威士忌的醉人醇香。原来酒带给人的不只是一种舌尖上的享受，更是一份来自内心的感动。开怀畅饮，让自己尽情尽兴地醉一次，学会以最真实的自我好好享受生活。真希望我们的语言是威士忌。

如果你没有不能喝酒的身体问题，那么你大可开怀地畅饮一次，适量地饮酒对身体是有好处的，但不能因为这样，就把自己灌得烂醉如泥，也不能喝闷酒，这些都会对人体造成一定的伤害，但如果你就想在今天一醉方休，那么劝你要找个朋友陪着你，不仅可以一起谈谈心，也能在你酒醉后送你回家。

中国十大名酒

贵州茅台、四川五粮液、四川郎酒、四特酒、江苏洋河大曲、陕西西凤酒、四川剑南春、四川泸州老窖特曲酒、山西汾酒、贵州董酒。

世界十大名酒

BACARDI 百加德、SMIRNOFF 斯米诺伏特加、ABSOLUT 绝对伏特加、JOHNNIE WALKER 尊尼获加威士忌、RICARD 里卡尔、JACK

DANIELS 美国威士忌、CHIVAS 芝华士威士忌、MOET CHANDON 酩悦香槟、REMY MARTIN 人头马、MARTELL 马爹利。

世界顶级酒庄

1.Chateau Lafite Rothschild（拉菲庄）：拉菲－罗斯柴尔德酒庄可以说是世界上顶级的酒庄之一，早在 1855 年的法国巴黎万国博览会上，Lafite 红酒就以平衡、柔顺、浓烈的橡木味道夺得了人们的一致赞赏，拉菲庄也成为排名第一的酒庄。

2.Chateau Latour（拉图庄）：在很多热爱小波尔多红酒的人心目中，Latour 实在是极品中的极品。这种红酒风格雄劲刚烈，是为了身体健康而放弃烈酒改喝红酒的酒客们的首选。英国著名品酒家 Hugh Johnson（休·约翰逊）在对比拉菲庄和拉图庄时这样说过，如果拉菲是男高音，拉图就是男低音，如果说拉菲是一首抒情诗，拉图就是史诗巨著。

3.Chateau Haut-Brion（奥比昂庄）：位于距离波尔多城市仅 2 千米的 Pessac 村。奥比昂庄现在为一个美国人所拥有，其声名显赫也可以追溯到 1855 年。它出产的红酒有着女性般的知性婉约，葡萄酒则一度受到不少王室的青睐，获得了"明星酒"的美誉。

4.Chateau Margaux（玛高庄）：Margaux 与波尔多的一个红酒产区同名，它是法国国宴指定用酒，其动人之处在于，成熟的 Chateau Margaux 口感比较柔顺，还带有繁复的香味，比如上佳的 Chateau Margaux 就会有紫罗兰的花香。它是梅铎区的当之无愧的"酒后"。

5.Chateau Mouton Rothschild（木桐庄）：也有的人把它译为"武当庄"。酒庄所在地原来是牧羊人放羊的山坡，在 1973 年，法国破例让它升格为一级酒庄，可见木桐庄所产的酒一定有特别吸引人的非凡之处。它的红酒有一个非常神奇的特性，就是开瓶之后，酒香与口感变幻莫测，一般情况下都是带有咖啡和朱古力的香味。而且木桐的酒标本身就已经具有很高的艺术收藏价值了。

6.Chateau Cheval Blanc（白马庄）：白马庄有着独特的气候和土壤供优质的葡萄生长。它所产的葡萄酒因其有丰富的果味且酒体饱满，被认为具有贵族的风范。未熟的 Cheval Blanc 具有草的味道，成熟后则具有美味的花香，酒质平衡且优雅。1996 年，Saint Emilion 区进行了各种名酒的等级排名，Cheval Blanc 位列"超特级一级酒"。

7.Chateau Ausone（欧颂庄）：在 1996 年的 Saint Emilion 酒庄排名中，欧颂庄与白马庄齐名。20 世纪 90 年代中后期酒庄进行了大刀阔斧的改革，酒的品质得到了大大提升，其特点是酒质浑厚，有着木桶和咖啡的香味，自有一种大家之气。

8.Chateau Petrus（柏图斯庄）：柏图斯庄对酒的品质追求可以说抱着完美主义者的严格要求，年产量只有约 5000 箱酒，贵在以质取胜。它对酿酒的葡萄要求非常之高，90% 以上属于梅乐（一种优质的葡萄品种），且种植密度相当低，每株葡萄也只结几串果实，这是为了保证葡萄汁液的浓度。在采摘的时候也有十分繁复的工序。为了保持 Petrus 优良的品牌，当葡萄年份不佳的时候，酒庄甚至会选择停产，比如 1991 年就出现了停产的情况。Petrus 所产酒的特性是酒色浓郁，香味丰富，有着黑加仑子、洋梨、牛奶、松露等的香味，不愧是酒中的王者至尊。

幻想一下梦想成真的情景，包括每一个细节

两人同时望向窗外：一人看到星星，一人看到污泥。这就不仅是眼睛与眼睛的不同。幻想一下梦想成真的情景，会让你多几分乐观，多几分自信。

也许你的梦想不只一个，但是，你一定有一个是你最热切的渴望，或者，是你最近特别想实现的，期盼得太久，心都有些累了吧，给生活来一点幻想吧。

幻想一下这个梦想实现的那一天，不是把它当成一个概念在心里晃一下，而是把它当作一个完整的故事，在心里就像放一场电影那样，把整个过程都默默地演绎一遍，包括每一个细节。

这个幻想的场所要选好，最好是一个安静的独我的空间，没有其他人的打扰，而且你要保证你幻想的过程不会被人突然打断，尤其当你正投入地忘我，美妙的幻想却戛然而止，那样会让人很扫兴，大煞风景。所以，最好是当你一个人在家的时候，拔掉电话线，关掉手机，真正保证这段时间没有任何人的打扰。

最好放一段舒缓的音乐，感觉就像电影里那样，当某一些令人激动的场景出现的时候，总是伴随着跟主题相关的音乐，你也可以挑选一段和你的梦想主题相关的音乐，让梦想随着音乐的流动而慢慢展开。

你甚至都可以把你要说的话，真正地说出声来，就像你正处在那个现场，只不过其他人都是虚拟的，你想笑的时候就尽情地笑出来，把梦想

实现后的激动和喜悦真实地表现出来。

也许一个人幻想时，会有些孤单，人类虽然是群居动物，但之所以我们区别于其他哺乳动物，除了智商高以外，还需要时不时地体味孤独，只有独自一人安静地冥想，你的思想才能得到升华，不过不一定只是安静地坐着或者躺着，你可以做许多事情，但不管你手边做的是什么，保证你的旁边没有人打扰你，然后你才能踏踏实实幻想你想成真的那些事情。

幻想时，独身一人，做什么都可以

不是孤独的雁，也不是单飞的鸟，如果只想自己的脚走出自己的路，又有心中一直向往的城市，不如背着行囊，独自做一次孤傲的旅行。

你有没有发现，大多数人在与其他人一起旅行。也许很多时候你想一个人没有任何约束和牵涉地自由自在地旅行一次，但总是由于顾虑太多而作罢，也许是害怕孤独落寞或是安全什么的。其实，如果你真的渴望轻松和自由，独自旅行，真的做到把心情放飞，你可以任意支配你想幻想的事物，甚至任何一个细节都不要放过，这时没人会打扰你。

每个人心目中应该都有一个或几个想去的城市，选择一个，不用考虑太多，就当是给心情放个假。简单收拾一下行囊，不用带太多东西，一个人出去，一切从简。不过最好还是带上行动电话，即使非常不愿意被别人打扰，但是无论如何，安全还是第一位的。

单独的旅程里，留一份骄傲给自己，也磨砺那站在高处的自我，保留着最深处的自信，不管是山间小路的尽头，还是铁轨延伸的远处，天涯海角的茫茫一线间，眼前的这条独自一人的路上，期待风也期待雨，期待一切障碍和险阻，但并不一定会真的发生。也许一路都是平平安安，顺顺利利，不是为了见证多么绮丽的风光或是盛传的繁华，只是为了找个呼吸的缝隙，觅一份内心的坦然。

单独旅行吧，即使沉甸甸的心里开始有了一种无法名状的悲情，但渐行渐远间就会把一切疏离，只为了给自己一个机会去幻想，只为了归来时那依然温暖灿烂的笑容。相信这一定是个不错的历程，会让你收获很多，别想太多了，出发吧，带着你的梦想上路。

幻想梦境的"见证者"

每个人都会期待自己的梦想可以实现，在还没如愿时，我们会不停地幻想，这并没有错，因为我们急切的渴望，但有时当我们的激情遭遇了现实，很有可能以无疾而终收尾。每个人都会遇到，不必太过沮丧，你可以换个角度想，你曾拥有过这样一个梦想，甚至你还幻想过它实现的各个细节，何不把它记录下来。多年之后翻看，还会记起这个梦想，说不定哪天就会实现，或者当成熟的你有了一些新的梦想之后对比过去稍显幼稚的自己，这也是一道永不尽兴的风景。

记录日记，虽然是自己心情的一种记录，但却有一种和自己闺蜜倾诉的快感。当一天结束，把所有感受都化为文字，既是一种回味，也是一种感叹，还有一份对未来的憧憬。

夜幕降临，一天已经结束，这么美好的一天，这么美丽的心情，似乎不留下点什么，似乎觉得遗憾。也许最好的方式莫过于写一篇日记，记下这美好的一天，让这美丽的心情成为永久的记忆，可以时时翻出来回味。

如果你平时就有记日记的习惯，那打开日记本，接着记录，也许今天有些特殊，因为快乐，因为有希望，今天的文字不会再有重新的牢骚和抱怨，全部都记载着美好和幸福。如果你平时没有记日记的习惯，那就找一个日记本出来，可千万不要随便找一张纸来对付，日记最好能够保留，日后再打开来，你会发现这真的是一笔宝贵的财富。

记日记，就要认真地记，写下详细的日期，以及今天的天气状况，越详细就会越丰富，越真实。你可以详细地记下今天发生的每一件事，或者只是记下一份美丽的心情，诉说你的感受。日记，就是自己跟自己谈心，或者假定有一个人，站在你的心灵深处，让你可以心不设防地畅谈你的爱好、追求、梦想，这样比跟朋友聊天会更加无所顾忌，在这个空间里，你可以毫无保留地袒露你的心迹。

在自己精心布置的房间里，求婚

爱一个人，不是要给她世界上最好的东西，而是要给她你所能给予的最好的东西。有一天，你突然觉得再也忍受不了每一天和恋人分别时的难舍难分，再也忍受不了在等待见到对方的那段时间里度日如年的感觉，再也忍受不了见面时只能匆匆相聚，然后各自回去工作或者回家的无可奈何，那么就大胆地向心爱的人求婚吧，以你能想到的最佳创意和能做到的最好方式。而家，是最能让我们感到安宁的地方。父母的家写满了我们前半生每一个日日夜夜的幸福，而未来和另一半的家则会承载着你和她时时刻刻的浪漫与满足。所以，在自己精心布置的房间里向心爱的人求婚，给对方一个家的承诺，也许就是家的温馨成为了打动她的最佳理由。

并不是说你要把这个房间装饰得多么豪华，再华丽的日子不也是要回到柴米油盐的平淡和简单？你只需要让这个房间里的每一个角落都透露出你对她的爱和珍惜，对真心爱你的她来说，这些就已经是拿世界上的千金万银来换都不会给的无价之宝了。不需要多么奢华的东西，没有自然生长的蓝色妖姬，普通的红玫瑰也可以；没有价值连城的钻石戒指，一般的戒指也可以；没有豪华游轮上的浪漫求婚，在自己精心布置的房间里面求婚也可以。最重要的是你的心意和诚心。

你可以在房间里插上 999 朵玫瑰，告诉她你们的爱情经得起海枯石烂，比得过地老天荒。或者放上优雅圣洁的百合，哪怕只有一朵也是可以，一朵百合一个她，就是你此生的最爱，此世的唯一。从你们在一起的第一天开始，你就一直记录着彼此从相识到相知的点点滴滴。也许你收集的两人的照片，可以贴满整整一面墙壁，或者你就用照片贴成一个桃心的形状，意思是你对她的爱可以超越时光，不在乎岁月的痕迹。或者你可以把你们曾经发过的那些情意绵绵的短信存在电脑里，然后在求婚的时候，写在五颜六色的纸条上。你拥着她的肩，一条一条地读给她听，其实是在做着最庄严的爱情宣誓。音乐可以为你的求婚营造一个更加罗曼蒂克的氛围。所以，选择几首或许舒缓悠扬或许激情四射的曲子，是给这场求婚锦上添花的不错想法。一切都准备停当了，最后一件事情就是去点燃早就准备好的红色蜡烛了。红色代表你的激情似火，也蕴含着婚礼的喜庆。蜡烛点燃，在烛光晚餐的浪漫情调里将这场关于爱的故事演绎到极致。

看到你为她准备的这一切，在你正式表白之前，也许她就已经在心里芳心暗许，谁不愿意把终身托付给这样一个肯为了她的开心而如此费尽心思的人？抑或者，她可能一时之间受宠若惊，没有立刻答应你，而是觉得需要时间考虑，那也没有什么求婚失败的耻辱可言。至少你为了自己的幸福争取过了，尽心尽力了，没有遗憾也就足够了。毕竟你也享受到了这份为了那一句"我愿意"而努力准备，时而甜蜜时而忐忑的幸福。

在精心布置的房里求婚，是在向对方许下一个婚姻的誓言，也是在为自己争取一个幸福的机会。因为你的精心、诚心和爱心，不论对方的回应如何，生活都会在下一个转角给你幸福。

一千对恋人，就有一千种求婚方式

1. 男主角来自一个传统的家庭，对婚姻有着传统想法的朴实与极度重视。他知道要想结婚，必须首先征得女主角父母的同意。于是，有一天在他和女主角一起畅享二人世界的烛光晚餐时，他给女主角看了六张照片。那六张照片上的内容依次是，爸爸、妈妈、爷爷、奶奶还有外公外婆站在自己的家门前，分别举着一张卡片，卡片上的字连起来是："请你嫁给我吧。"这是十分温馨的求婚方式，男主角如此重视家庭，一定会给女主角关于未来婚后家庭生活的无限憧憬。

2. 两人到电影院去看电影，似乎和平时没什么两样。但是电影的片尾曲结束的时候却响起了另外一种声音，是一段女主角最喜欢的音乐，接着荧幕上出现了女主角的名字，然后是"你愿意嫁给我吗"。此时此刻，在众人艳羡的目光里，女主角一定会感动得热泪盈眶。

3. 男主角精心地为女主角折了365个幸运星，用一个精美的瓶子装好送到女主角手里。然后叫女主角随便打开几个星星看看。于是，她把折好的幸运星打开，发现了里面有他写给她的甜言蜜语。她连续打开了好几个星星，惊喜地发现每一个星星里面的话都不相同。男主角说，这是因为和他在一起，每一年365天他会给她365个不一样的幸福。然后男主角挑出一个比别的星星显得都大的幸运星，再一次请女主角打开。这一次，她在里面不仅发现了他的话，还发现了一枚戒指，而那句话的内容是"请你嫁给我"。这样的诚心和创意怎么不会打动她的芳心呢？

4. 这一天是女主角的生日，男主角邀请了众多亲朋好友为她庆祝。在众人的注视下，男主角捧着桃心形的蛋糕，来到她的面前。他亲手从桃心的中心舀出一勺蛋糕，喂进她的嘴里。女主角甜蜜地咀嚼着蛋糕，却发现好像有什么东西硌在嘴里。于是，她用手拿出来一看，居然是一枚戒指，然后男主角当着那么多人的面跪下来，深情地对她说："嫁给我吧。"众人的掌声顷刻响起，化作了对二人最真挚的祝福。

当一回正义使者

人间正义不在别处，就潜藏在我们每个人的心里，给予它站出来的优先权，扳倒自私、威权、势力、亲疏、情面等几面大旗。

如今，坚持正义的人仿佛越来越少，坚持正义仿佛越发显得艰难，我们在感叹的同时，是否想到过自身，我们平时在遇到需要坚持正义的事情的时候，是否做到了挺身而出。

如果人们遇事总是事不关己，高高挂起，遇到坏人坏事不抵制，其结果只能是恶人越来越嚣张。如果今天看到坏人不抵制，也许明天的受害者就是我们自己。

做一回正义使者，机会很多，但要看你的勇气，当你看到有人偷钱包，当你看到路边有人对弱者施暴……你选择视而不见、转身走开，还是挺身而出、伸出你正义的双手？

伸张正义不能空凭一腔热血，还要讲求方式方法。因为与不正之风作斗争，往往要有所付出，有所牺牲。所以，面对歪风邪气和坏人坏事，不可硬碰硬，否则只会枉成牺牲品。聪明的正义之士应该灵活应对，如发动援助力量，不可以寡敌众等。

开车不能离开车行道，做人更不能离开做人之道。如果我们要想长久地过着好日子，一定要区分是与非、善与恶，这样我们才能做得正，才能做到远离邪恶，才能做到不与邪恶为伍，也只有这样才能做到真正地对自己负责，否则就会在不知不觉中被坏人所欺骗、所利用，就会在不知不觉中被坏人所害。人离不开所在的环境，每个人都应该抵制坏人坏事。如果人人都漠视坏人恶人的存在，人的生存环境只能是越来越恶化；如果我们想长久地过着好日子，就应该同坏人坏事作斗争。

如果人们做不到同坏人坏事作斗争，但起码不要是非不分、善恶不分，不要认同邪恶，不要丧失人应有的正义感！

正义从身边开始，制止随地吐痰的人

讲究文明礼貌，不但要从自己做起，严格要求自己以外，还要用自身的行动来影响他人，带动他人，随时制止不文明的行为，为构建文明社会贡献自己的绵薄之力。

你可能平时非常注意文明礼貌的行为，时时刻刻严格要求自己，也许，你觉得这样就可以无愧于心，的确，你达到了好公民的基本标准。但是，你周围的人呢？昨天是不是还在抱怨现在很多人不讲公德心，随地乱扔果皮纸屑，随地吐痰等。那么，怎么没想到过去制止呢？

把你的不满表露出来，当然要礼貌劝告别人。其实，每个人都知道这样是不对的，只是没有引起重视罢了，所以你的制止是一种善意的提醒。有素质的人马上会意识到自己的错误，甚至会感谢你的劝告。当然，不排除有些素质低的人，明知自己错了，还不肯认错，反而责怪你多管闲事。这个时候，你可千万别恼羞成怒，厉声指责，因为这样不是一个文明人该有的涵养，而且，这样并不能引起对方的内疚和理亏。面对这样的人，你要么选择耐心地讲道理，要么不理会他的无礼，自己动手把他留下的脏物收拾干净，你的行为必然会让对方羞愧。即使对方当面不认错，也会在心里内疚，相信这对他此后的人生会有所启发，这样就够了。

参加志愿者行动

参加志愿者的行动也算是一次正义的行动，不求回报的奉献，为爱心，也为理想，参加志愿者行动，会是灵魂的一次洗礼。

形形色色的志愿者行动很多，往往都是为了人类某项事业的发展，譬如支教、扶贫等。志愿者行动，以志愿参与为主要形式，以志愿服务为手段，有组织有目的地为社会提供服务和帮助，推动经济发展和社会进步，推动社会公民思想道德建设的发展。一般来说，志愿者行动致力于创造美好的明天，着眼于开拓未来。

虽然说做公益和正义行动有些区别，但其本质都是为了来实现自我价值，多做一些对社会有益的事，我们会更容易在这个社会中找到自己的位置。选一个你感兴趣的志愿活动，积极报名，参加选拔。所以，决定参加后要认真准备面试，努力在选拔中脱颖而出。

志愿者行动一般都是为了弘扬"奉献、友爱、互助、进步"的精神，所以，你必须首先牢固树立这样的思想，跟随志愿组织，深入到具体的社会活动中去。如果选择支教，就要尽心尽力为普及科学文化知识贡献一己之力；如果选择扶贫，就要致力于消除贫困和落后；如果选择其他公益事业，就要为消灭公害和环境污染，促进经济社会协调发展和全面进步，建立互助友爱的人际关系。

既然是志愿者行动，就得抛弃有偿服务的想法，树立无私奉献的观念，总之，这次行动绝对是对你的精神和灵魂的一次洗礼。

到一个离你很近但从来没去过的胡同转一转

我们的生活总是太过紧张和忙碌。你是否发现，路上的汽车越来越多，火车一次又一次提了速，飞机场的乘客络绎不绝，还有走在路上的人们有几个不是行色匆匆，总像是在追赶什么似的。人类文明的现代化，在带给我们更加便利舒适生活的同时，也让我们很多人趋于异化，渐渐变成生产物质财富的流水线上的一颗螺丝钉。每天程式化的生活，面对着永远也做不完的工作，只是按部就班地重复着昨天发生的事情。开始时，人们还会厌倦这样的生活，可是日子一久，大部分人开始变得有些麻木，连对厌倦都疲劳了。

在林荫夹道的街上，抬头看天的总是可爱的孩子，他们像快乐的小鸟一样叽叽喳喳。而我们这些自认为比小孩子成熟聪明的大人们，却总是耷拉着沉重的脑袋，早已习惯于忽略身边的美好。难怪很多现代人即便物质生活十分优越，却仍然觉得内心并不快乐，好像有个地方缺了什么，总是不满足。其实，我们真正缺少的不是金钱、名誉、地位，而是一颗完整的心。少了那一半，我们便失去了发现美的眼睛，失去了欣赏生活中小小幸福的敏锐，失去了生命中最有价值的美丽。

找个时间，去离你很近但一次也没去过的胡同转一转，也许就能在某个被你忽视的角落里发现那丢失的半颗心。

这一天，如果是晴空万里，你正好可以晒晒快要发霉的心情。一边悠然地拂过胡同那些年久日深、岁月斑驳的旧墙，一边把记忆拿出来翻晒翻晒，该忘记的就让它随风而逝，只记得应该记得的就好。如果这一天有些阴雨绵绵，你也恰好可以体会一次雨中小巷的情致。你可以想象自己撑着的是一把油纸伞，可以期待一次浪漫的邂逅，可以自己创造着只可意会不可言传的诗情画意。雨没有打在身上，却飘进了心里，滋养了有些干涸的心田。其实，这一天的天气晴朗也好，下雨也罢，无关紧要，本没有什么好坏之分，关键在于你的心情。人的心情才是对生命最有意义的天气预报。开心也是一天，不开心也是一天，那为什么不让自己开开心心地度过弥足珍贵的每一天呢？

走在胡同里，请细细去品味那种悠然自得的心情。生活在胡同里的人们是懂得如何享受生活，以致不愧对生命。他们的步子是从从容容的，他们的表情是坦然满足的，他们的内心是脚踏实地的。那里的人们，不去好高骛远地追名逐利，不像好多人那样总是渴望着去创造一个关于财富、地位的传奇。早上起来，哼着小曲养养花种种草；黄昏时分，和朋友相约，爱人相伴，或干脆只身一人，在公园散散步，遛遛鸟。小孩子们则三个五个地你追我打，疯疯闹闹。热闹的仲夏夜，摇着把用旧了的蒲扇，坐在院子里的树下，心满意足地啃着西瓜纳凉；秋冬时节，一家人吃着热气腾腾的饭菜，围炉夜话。不要小瞧这些柴米油盐的幸福，它们才是一步一个脚印地为你的生命留下最持久的美好，也只有它们才经得住漫漫岁月的无情侵蚀。在那些幽幽的胡同里，岁月，一世静好……

在胡同里走了一遭之后，你会惊喜地发现身边竟然还有这么多平凡但感人至深的场景。然后，下面的这些问题就会自然而然地出现在你的脑海：胡同离得那么近，自己怎么就一次也没去过？胡同里有那么多乐趣，之前怎么一点也没感受到？当你开始思考这些问题的时候，你就赋予了这次胡同之行更深远的意义。其实，要回答这些问题并不难，你自己一直都是知道答案的。而且你也知道应该如何改变。从现在开始，学会欣赏太阳东升西落的安稳、接受月亮阴晴圆缺的失落，世界上没有唯美的事情，反而因为一些缺陷造就了完美，坦然接受一些瑕疵，淡化一些不必要的小事，最重要不要辜负生命，辜负自己。

胡同文化

胡同，也叫"里弄""巷"，是指城镇或乡村里主要街道之间的、比较小的街道，一直通向居民区的内部。它是沟通当地交通不可或缺的一部分。根据道路通达情况，胡同分为死胡同和活胡同。前者只有一个开口，末端深入居民区，并且在其内部中断；而后者则沟通两条或者更多的主干街道。胡同，是北京的一大特色。

1. 北京最长的胡同是东、西交民巷。该胡同与东、西长安街平行：东起崇文门内大街，西至北新华街，明清时被称为"江米巷"。

东、西交民巷的知名主要在于它与东、西长安街的人文古迹（如天安门、中山公园、人民英雄纪念碑等）和商业旺铺、街巷（如王府井步行商业街、东单等）相连，再加上它与前门、和平门等地的历史古迹（如前门箭楼、天坛公园等）、商业旺铺（如前门商业街、琉璃厂古文化街）很近。

2. 灵境胡同是北京最宽的胡同，位于北京市西单地区一条东西向的胡同。自东向西分别和府右街、西皇城根大街、西单大街三条南北向街道相交，其中东端和府右街相交为丁字路口，西端和同为东西向的辟才胡同相通，与西单大街相交叉。

明朝时，灵境胡同分东西两部分，东段因坐落有灵济宫，因此被称为灵济宫，西部南侧有宣城伯府，因此称宣城伯后墙街。

清朝时，以西黄城根南街为界，东段因原"灵济宫"逐渐变读为灵清宫、林清宫，因此被称为林清胡同，西段则称为细米胡同。

1911年后，东段改称为黄城根，西段则称为灵境胡同。1949年后，两段并称为灵境胡同。1985 年，政府开始对灵境胡同进行改造，胡同西段的民宅拆除，建起 6 层的居民楼。到 1988 年，已有新居民楼 13 座，胡同被拓宽成了一条小马路。1992 年前后，灵境胡同再次扩宽。

撒一个善意的谎

我们都知道撒谎不好，可是如果这是一个善意的谎言，那结果就不一样了。善意的谎言不是为了欺骗而欺骗，而是为了保护某个人，保全某颗心。

也许是为了维护一个人的尊严，不是为了隐瞒他的错误而是因为我们知道，犯错的人只是一时糊涂，只要给他一个机会，他就会变得很好。一个十二三岁的男孩儿，很小就失去了父母，只是和年迈的祖母相依为命，所以缺乏管教，顽劣不堪，在学校的成绩也总是非常差。他有一个美丽的音乐老师，她总是夸奖这个小男孩唱歌唱得好，还总是让他担任领唱，于是，小男孩觉得自己并不是想象中的那么一无是处。后来他渐渐喜欢上了这名年轻的女老师。

一天上课的时候，老师让同学们默写了五线谱。然后请男孩儿帮助她一起给学生记录成绩。那一天，老师穿的是一件开口比较低的衬衫，胸口那儿别了一枚蝴蝶胸针，很好看。老师伏在桌上记分的时候，丰满的胸部不小心就露了出来。男孩子终于忍不住好奇心的驱使，开始偷窥起来。看着看着，他甚至入了迷，忘记了此时此刻讲台下有几十个同学在眼睁睁地看着自己的一举一动。后来，男孩子更是变得有些忘乎所以，情不自禁地把手伸向了老师的胸部。就在这时，同学们都开始惊叫起来，整个教室沸腾了。老师下意识地一把抓住了男孩儿的手，表情很复杂，既有着惊讶与愤怒，还有着惋惜。就在那一瞬间，男孩儿终于清醒了过来，立刻把手缩了回来，脖子涨得通红，头埋得很低，恨不得找个地缝钻进去。而老师脸上那些复杂的表情很快被微笑所取代。她很自然地摸了摸自己胸前的蝴蝶胸针，然后手指像捏着什么东西一样，又朝窗外挥了挥。做完这一系列动作后，她的微笑更加温柔了，她对那个小男孩儿说："我的胸针上怎么会有两只蚂蚁呢，谢谢你帮我把那只捉掉，刚刚另一只也被我自己捉掉了，要不是你，我还发现不了呢。"一下子教室里的吵吵闹闹就平静了，大家都相信了老师的话，以为男孩儿只是为了给老师捉蚂蚁而已。而小男孩也因为老师这个善意的谎言而深受感动，发誓要做一个好学生。从此以后男孩儿真的变了，努力学习，严于律己，不论是道德品行上还是成绩上，都非常地优秀。多年后，男孩儿终于成为了一名成功的作曲家。

试想一下，如果老师当场揭穿了男孩儿，还把他狠狠批评了一顿，他的自尊心一定会受到极大的伤害，也许从此以后就干脆自我放纵，彻底堕落下去，成为一个坏学生了。正是这个善意的谎言，保护了一个敏感的心。

有时候，我们撒谎只是为了让一个人安心，即便是假的，也希望对方可以感受到幸福。电影《美丽人生》就讲述了这样一个关于爱与谎言的故事。犹太人圭多本来有一个幸福美满的家庭，妻子美丽贤惠，儿子聪明可爱。可是，后来第二次世界大战爆发了。纳粹对犹太人实行种族灭族政策，就在儿子乔舒亚五岁生日这一天，纳粹同时抓走了圭多全家人。妻子被关在了女监，自己和儿子关在一起。面对着集中营的惨无人道，圭多不愿意刚满五岁的儿子失去童年的快乐，更不愿意集中营里的恐怖与死亡的气息给儿子幼小的心灵留下阴影。于是，圭多对儿子撒了一个善意的谎言，他骗乔舒亚说，他们这是在玩游戏，只要他好好遵守游戏规则，游戏结束后就可以赢得一辆真正的坦克开回家。天真的乔舒亚就真的以为这是一场游戏，于是不管是面对饥饿、黑暗还是恐惧，他都以一颗游戏的心接受了下来。看着儿子可以这么快乐地过着集中营里的每一天，圭多既有心酸无奈也有欣慰和快乐。后来就在第二次世界大战即将胜利之际，纳粹把圭多抓走了。在走过乔舒亚藏着的柜子面前时，他还不忘偷偷地向儿子示意，暗示他这又是游戏的一部分。可是不一会儿，一声枪响结束了圭多的生命。乔亚舒始终不知道这个游戏原来只是父亲用爱编制的谎言。当他最后得救的时刻，一位美国士兵把他抱上了真正的坦克。

有时候，说谎只是因为太爱一个人了，太怕他受到伤害。也许一个善意的谎言，就足以改变一个人的生活。

善意的谎言是美丽的

善意的谎言是美丽的，这样的谎言不是欺骗。当我们为了他人的幸福和希望而适度地撒一些小谎时，谎言就变成理解、尊重和宽容。这时，它具有一种神奇的力量，没有任何的不纯洁。善意的谎言，是人生的滋养品、信念的原动力。它让人从心里燃起希望之火，也让人确信世界上有爱、有感动。

善意的谎言，能让人微笑面对生活。善意的谎言，是赋予人类的一种灵性，体现了人类细腻的情感和成熟的思想，促使人变得坚强执着，从而不由自主去努力去争取，最后战胜脆弱，获得成功。

善意的谎言，能让一个患有绝症的患者绝处逢生，能点燃别人心中的希望。善意的谎言让人重拾自信，有时还能救活一个即将精神崩溃的人。

值得注意的是，善意的谎言，仅是代表轻度的、没有居心叵测的小小的谎言。善意的谎言其动机是善良的，以维护他人利益为目的。

而恶意的谎言是为说谎者谋取利益，以强烈的利欲，薄弱的理性，把他人仅作为手段，不惜伤害他人的行为。本身善良的人在某种状态下

"被逼"说出的谎言是善意的，这种谎言对主体来说是一种友善，一种关心。而心术不正的人，不管如何伪装，如何花言巧语，如何绞尽脑汁为自己恶意的谎言冠上善意的高帽，其所说的谎言都带有恶意目的性。总而言之，善意的谎言能燃起人们希望的火焰和信心，给人以积极的力量。

在众人面前精心准备一场演讲

置身于美丽的大自然中，我们能够听到鸟啭莺啼，那是千呼百喏、于看似杂乱热闹中的和谐韵律；人类社会里同样有着各种各样美妙的乐曲，其中流行歌曲的脍炙人口，高雅音乐的阳春白雪，古典音乐的端庄典雅……共同奏响着人类音乐史上最辉煌的交响曲。但是，不论是大自然最和谐的声响，还是我们自己创造出的最壮丽的乐曲，和另外一种声音比起来，都难免稍显逊色。这个声音，就是我们每个人表达自己想法的心声。它的美妙不在于声色的清脆，曲调的婉转，而在于里面思想和智慧的闪光。人类文明的发展正是在我们的表达声中，永不止步。大胆地说出自己的想法，在众人面前进行一次演讲，让别人听到我们充满智慧的头脑中，现实与理想、挫折与应对、理智与情感的碰撞。自己内心深处各种想法的相互撞击，还有不同的人与人之间观点的碰撞，都将产生智慧的火花，为我们照亮前进的方向。

我们很多人都渴望他人能够倾听自己的声音，感受到我们思想的与众不同与深刻睿智，在他们热烈的掌声中，获得肯定，获得赞赏，获得自我的认同。可是，大部分人又偏偏缺乏在众人面前演讲的勇气和自信。本来是一件很简单就能完成的事，却被自己的瞻前顾后一拖再拖，以至于很多人一生都想着这件事情却一生都不敢真正着手去做，成了生命中的一大憾事。其实，演讲并不是要求我们讲出什么惊世骇俗的言论，也没有肩负着拯救世界、救赎灵魂的重大责任，有时候，它就只是一个简简单单的表达自己心声的平台而已，就像美国人在竞选早期站在上面发现竞选演说的肥皂箱。只要你有自己的想法，就有了一个在众人面前演讲的理由。你有可能害怕的是自己无法镇定自如地站在众人面前，无法滔滔不绝口若悬河。其实，很多人都和我们有着一样的想法。多年以前，美国曾做过一项关于人们一生中最害怕的事情是什么的调查。结果出人意料，人们最害怕的不是死亡，死亡只是排在了第二名，而比死亡更让人们恐惧的居然就是当众演讲。所以，你无须为自己的胆怯感到羞愧，这是很多人都有的障碍。但是很多人也都克服了这个障碍。别人做得到的，你也做得到。

有一个小男孩出身于贵族世家，可是他却偏偏长得呆头呆脑，在学校的成绩老是垫底的那一个，更糟糕的是他还有口吃的毛病。于是，口吃的他就成了老师和同学打击的笑柄。有一天，在学校他又受到了大家的嘲笑，回到家后，自尊心极强的小男孩信誓旦旦地告诉父亲，他长大了要做一个演说家。从此以后，他就开始对着屋里那面大镜子练习演讲。为了克服口吃的天生缺陷，他甚至含一块石头在嘴里，一个音节一个音节地纠正自己的发音。而且，他还尽量争取在课堂上发言，尽管还是会口吃，但对于同学们的嘲笑他不再害怕。他要抓住每一个在公众场合大声说话的机会，训练自己的口吃和胆量。终于，这个小男孩艰苦卓绝的努力得到了回报，他不仅克服了口吃的毛病，还练就了在众人面前口若悬河的大家风范。后来，他凭借自己幽默风趣的口才和迎难而上执着追求的精神为自己赢得了政治舞台上的辉煌，这个人就是曾经的英国首相——丘吉尔。

连口吃这种天生的缺陷都能被克服，对于当众演讲，我们还有什么好怕的呢？不要害怕说错，没有人是天生的演说家。你能够站到众人面前，他人就已经在暗暗佩服你的勇气和自信了。每个人都有独一无二的个人魅力，每个人的语言也都有来自他自己生活经历的智慧，只要你勇敢地说出自己的想法，世界上就总会有人倾听。

领略名人演说的魅力之丘吉尔就职演说（节选）

星期五晚上，我接受了英王陛下的委托，组织新政府。这次组阁，应包括所有的政党，既有支持上届政府的政党，也有上届政府的反对党，显而易见，这是议会和国家的希望与意愿。我已完成了此项任务中最重要的部分。战时内阁业已成立，由5位阁员组成，其中包括反对党的自由主义者，代表了举国一致的团结。三党领袖已经同意加入战时内阁，或者担任国家高级行政职务。三军指挥机构已加以充实。由于事态发展的极端紧迫感和严重性，仅仅用一天时间完成此项任务，是完全必要的。其他许多重要职位已在昨天任命。我将在今天晚上向英王陛下呈递补充名单，并希望于明日一天完成对政府主要大臣的任命。其他一些大臣的任命，虽然通常需要更多一点的时间，但是，我相信会议再次召开时，我的这项任务将告完成，而且本届政府在各方面都将是完整无缺的……组成一届具有这种规模和复杂性的政府，本身就是一项严肃的任务。但是大家一定要记住，我们正处在历史上一次最伟大的战争的初期阶段，我们正在挪威和荷兰的许多地方进行战斗，我们必须在地中海地区做好准备，空战仍在继续，众多的战备工作必须在国内完成。在这危急存亡之际，如果我今天没有向下院做长篇演说，我希望能够得到你们的宽恕。我还希望，因为这次政府改组而受到影响的任何朋友和同事，或者以前的同事，会对礼节上的不周之处予以充分谅解，这种礼节上的欠缺，到目前为止是在所难免的。正如我曾对参加本届政府的成员所说的那样，我要向下院说："我没什么可以奉献，有的，只是热血、辛劳、眼泪和汗水。"

摆在我们面前的，是一场极为痛苦的严峻的考验。在我们面前，有许多许多漫长的斗争和苦难的岁月。你们问：我们的政策是什么？我要说，我们的政策就是用我们全部能力，用上帝所给予我们的全部力量，在海上、陆地和空中进行战争，同一个在人类黑暗悲惨的罪恶史上所从未有过的穷凶极恶的暴政进行战争。这就是我们的政策。你们问：我们的目标是什么？我可以用一个词来回答：胜利——不惜一切代价，去赢得胜利；无论多么可怕，也要赢得胜利，无论道路多么遥远和艰难，也要赢得胜利。因为没有胜利，就不能生存。大家必须认识到这一点：没有胜利，就没有英帝国的存在，就没有英帝国所代表的一切，就没有促使人类朝着自己目标奋勇前进这一世代相因的强烈欲望和动力。但是当我挑起这个担子的时候，我是心情愉快、满怀希望的。我深信，人们不会听任我们的事业遭受失败。此时此刻，我觉得我有权利要求大家的支持，我要说："来吧，让我们同心协力，一道前进。"

尝试一下其他款式和颜色的衣服

大多数人都是根据自己的惯性做出选择，这样的选择缺乏创意。往往，出其不意的新选择，会让你的人生焕发出奇异的光芒。

每个人都有自己喜欢的颜色，打开你的衣柜，是不是基本上都是一个风格，一个色系，这就是我们的惯性，也是我们的喜好。所以，我们看到某种样式和颜色的衣服，就会想到某个人。

有没有想过尝试一下其他款式和颜色的衣服？试一试吧，看看什么感觉，说不定也很美妙。走进商场，让自己的眼睛跳过那些平时常选的颜色，专注于那些平时被自己忽略和排斥的颜色。挑出几件自己喜欢的，或者干脆就挑自己平时几乎不能接受的，试穿一下，看看效果如何。最好带上几个同伴，让他们帮忙参谋参谋，看看自己在别人眼中的感觉。

综合比较和考虑之后，下定决心买下一件最满意的，不要犹豫，不要迟疑，相信这样做的价值，明天你在大家眼中会是一个全新的你，原来你也是可以变化的，原来你也有这样的一面。给大家和自己一个全新的感觉，就只是换一件衣服这么简单，其中蕴含的人生道理你明白吗？有些事情的改变和转折其实很简单，创新其实也是这样，一小点的改变和新意，便可以让事物发生质的变化，有时候，事情就是这么神奇。

相信第一感觉，不要犹豫

很多时候，选择成为人生中最大的难题，多少人在取舍间左右为难，备受煎熬。人生处处是选择，选择是种能力，一种从容不迫、果敢决断的能力。

相信很多人逛商场都有这样的经历，同时看上好几件衣服，但是目前又只需要或只能买一件，尤其是年轻的女性朋友，于是便开始了艰难而痛苦的选择历程。虽然买衣服不是什么人生大事，但至少折射出一个人选择的能力，如果我们能在平时有意识地培养自己的选择能力，相信对我们的生活能力是很好的锻炼，比如逛商场买衣服就是个很好的机会。

今天的目标就是一定要买一件自己称心如意的衣服，只能一件，不能多买，也不能因为无法选择而放弃，一件也不买。给自己留出充足的时间，认真仔细地去看每一个品牌，保证自己对所有款式有个大体的了解，在心里有个基本的印象。一定有些是你一眼就排除的，有些仔细瞅几眼也摇摇头，但总有些是你一眼就相中的，如果这样的"一见钟情"是唯一还好，如果你偏偏"花心"有些"博爱"，痛苦的选择便开始了。

没关系，不要抓耳挠腮，冷静地考虑一下，权衡各种因素，比如这件衣服你打算和其他什么衣服搭配，你打算在什么场合穿，你最初打算花多少钱买下这件衣服等，综合比较一下，理清思路后，是不是已经有结论了。

得出结论之后，就不要再犹豫，立马买下你最终的选择。

穿鲜艳的衣服出去逛街

生活需要活力，需要热情，需要用心去做每一件事。而生活的态度，做事的心情，有时候可以通过我们的外表的改变而得到改变，关键在于你可以为了获得内心的兴奋，敢于不去在乎别人的眼光。

我们常常在顾及别人的目光，比如出去逛街，穿什么样的衣服才显得大方得体，更有些人故意打扮得很低调，以为这样便可以躲避别人的目光，自由自在。其实如果真的想随心所欲，不如把自己打扮得光鲜亮丽，兴高采烈出去逛一圈，这才是真正的自由随性。

拿出自己最鲜艳的衣服，搭配好色调，最好化一个淡妆（如果是女性朋友的话）。如果觉得一个人有点孤单，可以邀一个朋友，鼓励他（她）也穿上鲜艳的衣服。

逛街的时候，怎么高兴怎么来，你可以和朋友大声地说笑，这可能会引来路人的侧目，不用去理会，我的快乐我享受，只要没有妨碍别人。

在商场或别的什么地方的镜子前照照自己的样子，自我欣赏一把，看着一个鲜艳的影子在镜子前活灵活现，你的心情会一直晴朗。

把昨晚梦境中的情形真实地演绎一遍

日有所思，夜有所梦，梦境总是现实中的理想状态。梦境与现实的距离，常让人叹息不止，如果梦境中的情形能在现实中还原，对每个人而言应该都是一种还愿吧。

仔细想象昨晚梦境中的情形，努力回忆每一个细节，如果你还能记得很清晰，试着把那些情节在现实中真实地演绎一遍，给自己一种梦想成真的感觉。

如果你的梦境中还有别人，那么大胆地告诉他们你的想法，并且邀请他们配合你的行动，相信大家都会觉得这是个好玩的主意。生活中本来就有太多压力，太多不想做却又不得不去做的事，那么就用一种另类的方式让自己的精神得到放松。

邀请你的朋友，详细地告诉他们你的梦境，并对他们的演绎做出相应的指导，也许他们也有自己的见解。耐心地倾听，并和他们进行探讨，这样的过程会让你收获许多，说不定会让你对某个问题瞬间豁然开朗，让你对你的梦境与现实顿时有了新的认识和看法。

如果你的梦境是发生在一个遥远的地方，比如冰山雪川、深山幽谷之类的，为了安全起见，最好选择一个虚拟的地点，可以去类似的附近的一个地方，把它想象成梦境中的那个地方，关键是把你想要做的那些事真实地做一遍。说到底，这只是一个游戏，一个让心情放松的游戏，是为了让我们在现实中以放松的心态去生活，所以，有些事情不必强求，不必要求太多。

其实简单生活就是这样，突然想起什么就去做什么，梦境的演绎是一个非常富有创意和简单开心的事情。同时，你还可以体验一下做演员或者当导演的乐趣，自顾自简单地生活和欣赏这个世界所有美好的事物。

简单生活，去伪存真

至简生活倡导的是一种简约的生活。它主张我们减去人生旅途中不必要的行李，以使我们能够有更多的工夫去欣赏沿途的风景，能够更轻松地享受旅程的乐趣。在这里，简单背后还需遵循一个法则，那就是我们在简化生活的同时要注意聆听自己内心的真正需要，"去伪存真"。

简单是一门艺术。越复杂越容易拼凑，越简单就越难设计。在服装界有"简洁女王"之称的简·桑德说："加上一个扣子或设计一套粉色的裙子是简单的，因为这一目了然。但是，对简约主义来说，品质需要从内部来体现。"她认为，简单不仅仅是摒除多余的、花哨的部分，避免喧嚣的色彩和烦琐的花纹，更重要的是体现清纯、质朴、毫不造作。

简单不是乱减一气，而是在对事物的规律有深刻的认识和把握之后的去粗取精，去伪存真。一个雕刻家，能把一块不规则的石头变成栩栩如生的人物雕像，因为他胸中有丘壑。如果你抓不住重点，找不到要害，不知道什么最能体现内在品质，结果只能是将不该减掉的东西减掉了。

成功商人吉尔森的生活方式在这里为我们树立了一个完美的典范。他和他的妻子住在一座漂亮的传统房子里。房子里光线充足但布置简单，厨房配备的是尽可能少的用具，但是饭菜的鲜美却没有因为厨房的简单而打丝毫折扣。午餐过后，吉尔森会为客人朗诵自己写的诗。这样的生活是在重新燃起心灵之火和生活在简单之中维持一种平衡。它是一条路径，通向一种舒适但不奢侈、节俭但不拮据、体面但不单调的生活。

用好生活的减法

简化生活的过程就好比冬天给植物剪枝，把繁盛的枝叶剪去，植物才能更好地生长。每个园丁都知道不进行这样的修剪，来年花园里的植物就不能枝繁叶茂。同样，一个人如果生活匆忙凌乱，为毫无裨益的工作所累，那么，他的生活也很难有幸福可言。

简化生活最有效的方式是重新审视你所做的一切事情和所拥有的一切东西，了解自己想要的，然后舍弃不必要的生活内容。

曾有这么一个比喻："我们所累积的东西，就好像是阿米巴变形虫分裂的过程一样，不停地制造、繁殖，从不曾间断过。"而那些不断膨胀的物品、工作、责任、人际、家务占据了你全部的空间和时间，许多人每天忙着应付照顾这些事情，早已喘不过气，每天甚至连吃饭、喝水、睡觉的时间都没有，也没有足够的空间活着。

拼命用"加法"的结果，就是把一个人逼到生活失调、精神濒临错乱的地步。这时候，就应该运用"减法"了！这就好像参加一趟旅行，当一个人带了太多的行李上路，在尚未到达目的地之前，就已经把自己弄得筋疲力尽。唯一可行的方法，是为自己减轻压力，就像剔除多余的行李一样。

著名的心理大师荣格曾这样形容，一个人步入中年，就等于是走到"人生的下午"，这时既可以回顾过去，又可以展望未来。在下午的时候，就应该回头检查早上出发时所带的东西究竟还合不合用，有些东西是不是该丢弃了。

理由很简单，因为"我们不能照着上午的计划来过下午的人生。早晨美好的事物，到了傍晚可能显得微不足道；早晨的真理，到了傍晚可能已经变成谎言"。或许你过去已成功地走过早晨，但是，当你用同样的方式走到下午时，却发现生命变得不堪负荷，窒碍难行，这就是该丢东西的时候了！

用"加法"不断地累积，已不再是游戏规则。用"减法"的意义，则在于重新评估、重新发现、重新安排、重新决定你的人生优先顺序。你会发现，在接下来的旅途中，因为用了"减法"，负担减轻，不再需要背负沉重的行李，你终于可以自在地敞怀大笑！

让自己一直期待的浪漫事成为现实

或许我们人类与动物最大的不同之处就在于，我们比它们多了一种叫作理智的东西。理智让人类不至于像动物那样完完全全成为本能的奴隶。理智也是促进人类文明不断向前发展的动力之一。有一个成语叫作"过犹不及"，就是说事情做得过了火其实跟做得不够或者没做是一样的，它对我们也是无益的。那么，我们是不是应该想一想有时候做事会不会理智得有点过火？比如，很多人从来不敢让自己一直期待的浪漫事成为现实，永远只是在心里期待着，又在心里遗憾着。

理智和情感就如同天使的两只翅膀，只有二者保持一致地生长在背上，并且共同发挥作用，天使才能够飞起来，飞向幸福的天堂。只要有任何一边的翅膀过于硬朗，不管是理智更强大，还是情感占上风，天使都会因为难以平衡而飞得格外吃力或者根本就无法起飞。也就是说，我们的内心会因为理智与情感的不平衡而不容易感到安宁和幸福。如果我们做任何事情都尽力克制自己内心的冲动，左顾右盼，一而再再而三地考虑各种可能的后果，尽管有些后果的可能性非常小，但其结果可能会导致，所有浪漫的思想都会被我们的理智活生生地否定掉。这样的人生很可能就会失去很多乐趣。总而言之，理智不应该占据我们的全部内心，在适当的时候，不妨心血来潮一次，让那些真诚强烈的情感为我们指引幸福的方向。所以，当你的脑子里产生什么浪漫的想法时，完全可以把它变为现实，不要总是让自己在反复的犹豫和空想中追悔莫及。

如果你喜欢下雨，从小就渴望能够痛痛快快地享受一次雨的洗礼，觉得那是天使最美丽的眼泪。可是，别人总是告诉你，你也总是这样告诫自己：淋雨不好，会生病的；身边的人都打着伞，就自己一个人不打，大家可能会觉得很奇怪；还有，衣服打湿了，穿在身上会不舒服，何必多一件麻烦事……总之，你总是有很多理由来扼杀掉自己浪漫的天性。可是事实上，一般人是不会淋一次雨就感冒的。当别人都在雨中狼狈地打着伞，拥挤不堪时，你不正好可以从从容容地走回家吗。其实，这是一个很容易实现的梦想，只是需要一个下雨天而已。既然你已经期待了那么久，干脆就在下一个雨天，勇敢地、淋漓尽致地享受一番雨的爱抚。这时，你也许还能体会到苏轼《定风波》里的情致：莫听穿林打叶声，何妨吟啸且徐行，竹杖芒鞋轻胜马，谁怕？一蓑烟雨任平生。料峭春风吹酒醒，微冷。山头斜照却相迎。回首向来萧瑟处，归去，也无风雨也无晴。

的确我们不要太在乎别人的眼光，也不要总挑剔着自己。或许你一直暗恋着某个人，总是想给他写一封浪漫的情书。可是，每次拿起笔时，你都会产生很多不必要的顾虑，比如，觉得自己文笔不够好，害怕对方看了信之后对自己不屑一顾等。其实，爱情本来就是一件充满了感性、激情和浪漫的事。对方的想法，始终是你无法控制的。首先只要先确定自己的感觉，再去确定你的态度是否能够坦诚，那么就落笔把你的真情实意跃然纸上，文笔不好又如何，这时的这些都显得不再那么重要。何不把这件你想了很久的事情变为现实，让浪漫不再停留在你的想象里，而是在现实生活中带给你真正的幸福。

不要觉得浪漫就一定得是一件与众不同的事情，否则，别人会笑话你的缺乏创意，其实浪漫的事有很多。创意生活也不是多么玄妙的事情，它只是把平凡的浪漫事演绎得唯美了些，诚恳了些。而浪漫不是那件事情本身，而是置身其中的人从内心深处产生的一种愉悦和陶醉。所以，就算你所期待的只是一种非常平凡的浪漫，比如冬日雪天里捧着爱人的手，或者就是夕阳西下时的携手漫步，只要这是你真正期待的，那就行动起来去实现它。也许这种平凡的浪漫更容易带给你幸福，只因为有你们的参与，也只因为它是那么触手可及。

把一件自己一直期待的浪漫事变为现实吧，就让勇敢多一点，顾虑少一点；行动多一点，空想少一点；幸福多一点，遗憾少一点。等到最终走到了生命的尽头时，你总算可以了无遗憾地对自己说，你没有辜负自己，至少没有背叛自己内心自然的心意。

电影里的经典浪漫

1.《泰坦尼克号》：在那个注定要让每一个看见的人永生难忘的黄昏，夕阳的余晖给无边无垠的大海撒上了金子一般的光辉。Jack 深情地用手臂环住 Rose 的腰，站在泰坦尼克号的船头上。而 Rose 则张开双臂，好像要飞起来一样。爱情来得出人意料，他们俩谁都没有做任何的准备。可是，Jack 和 Rose 却抓住了每一个享受浪漫、追求幸福的机会。虽然，Jack 最终沉入了冰冷的大海，但他和 Rose 相拥站在船头的画面却成了这么多年来人们心目中难以超越的浪漫经典。

2.《人鬼情未了》：在那深情的音乐声中，在那不停地旋转如同时间之轴的转盘上，山姆和莫莉的手重叠在一起，虽然天人永隔，仍然能够感受到彼此的存在。这个做陶艺的画面成了无数人心中的最爱。

3.《大话西游》：它既可以说是一部令人笑到喷饭的喜剧片，也可以说是一部让人感动到流泪的爱情片。当至尊宝流着眼泪说出那一段很多人都已经烂熟于心的台词时，心软的不只是紫霞仙子，还有看戏的我们。

"曾经，有一份真诚的爱情放在我面前，我没有珍惜，等到我失去的时候才后悔莫及，人世间最痛苦的事莫过于此……如果上天能够给我一个再来一次的机会，我会对那个女孩子说三个字：我爱你。如果非要在这份爱上加上一个期限，我希望是……一万年！"

做自己最好的知音，给自己颁一次奖

　　每个人都会有自己的朋友，每个朋友都能够推开你心里的某一扇或者某几扇小门，走进去，了解你内心想法的一部分。可是很难有人可以推开所有的门，就算有一个人能够走进你心里的每一个房间，看到你所有的所思所想，却肯定不可能彻底懂得你的每一个想法，因为你们二人毕竟是不同的。真正能够彻底读懂你的人，其实只是你自己而已。你才是自己最好的知音，才会最深刻地明白此时此刻此情此景，你的内心有着怎样的起起伏伏。所以只有你才最能够明白自己想要的究竟是什么。那么当你知道自己此时想要的是什么时，就把它当作一份奖励颁给自己吧。其实，我们只是想让自己过得幸福而已。

　　在生活中，当你取得了成绩，你为自己颁过奖吗？面对这样的问题，很多人都摇头，甚至觉得好笑。因为在他们的生活中，只有为别人鼓掌为别人颁奖的时候，从没有想过哪一天也为自己颁一次奖。其实，人活着是需要一点精神的。我们都有过这样的经历：当很久没有人为我们喝彩，或者是没有人称赞我们的工作做得不错时，我们往往就会感到情绪低落，甚至觉得做起事来没有干劲。这是为什么呢？答案很简单，因为人们就是需要不断地听到褒奖，才会有勇气和热情继续奋斗下去。事实上，我们不但需要来自外界的褒奖，更需要来自自身的褒奖。当我们学会为自己喝彩、为自己感到骄傲时，我们将会更有激情去面对人生。不过遗憾的是，很多人都忽略了这一点，他们只知道为别人喝彩，却忘了给自己一点掌声，不懂得自己所做的每一件小事同样值得自己骄傲与自豪。著名作家劳伦斯·彼德曾经这样评价一些著名歌手："为什么许多著名歌手最后以悲剧结束一生？究其原因，就是因为在舞台上他们永远需要观众的掌声来肯定自己，但是由于他们内心从来没有肯定过自己，没有为自己感到自豪过，所以一旦走进幕后，进入自己的卧室，他们便会备觉凄凉，觉得听众把自己抛弃了，自己一无所有。"劳伦斯的这一剖析，确实非常深刻，也值得我们所有人深省。

其实，为自己喝彩，给自己颁奖，决不同于自我陶醉，而是为了更强化自己的信念和自信心，更正确地评估自己的能力和人格，因为成功的信念，需要有成就感来充实。一个不懂得给自己颁奖，只希望得到别人鼓励的人，是很难踏上成功之路的。肯定自己才能进一步挖掘自己的潜力，最终成就自己。

但是我们并不是只能在取得成功时才能给自己颁奖。陷入困境或者遭遇失败时，你同样可以给自己颁奖，那是你给自己的安慰、鼓励、信心和勇气。人都是需要自我安慰的，因为只有我们自己才明白这个人这件事给自己造成的伤害在哪里，伤口有多深。有这样一个故事，大卫在遭受失业、父母在意外事件中身亡的一连串打击后，对生活已失去了热情，终日借酒浇愁。一天，在一家小酒馆里，大卫遇到了一位心理学家。了解了大卫的情况后，心理学家对他说："在遭遇困境时，自我安慰是很有必要的，当你学会自我安慰时，你就找到了一个使自己心理轻松的良方。""怎样才能自我安慰呢？"大卫问。"我有句五字箴言要送给你，它会对你的生活有一定的帮助，而且是使人心态平和的良方，这五个字就是——给自己颁奖。"清醒后的大卫用了三天时间来领悟这五字箴言所蕴含的智慧。于是，他把这五个字写下来，贴在家里的墙壁上。后来，当再遇到挫折、打击时，他就总是看着墙上的这五个字，然后想想此刻应该给自己颁个什么奖才能让自己尽快振作起来，是去呼呼大睡一觉，还是休假一段时间独自去旅行。每一次奖励自己之后，他都能够在奖励自己的乐趣中很快平复自己的心情，很快建立起继续奋斗下去的勇气和信心。没有什么能比给自己颁奖更能治愈你的了，因为解铃还须系铃人，你给自己颁奖也就是在解自己心里的那个结。

一个人要是连让自己幸福的能力都没有，又怎么能够让所爱的人幸福？每个人都是自己最好的知音，都应该让自己过得幸福，也都希望给心爱的人幸福，那么给自己颁一次奖吧，学会爱自己，才能更好地爱别人。

给自己的各种奖励

1. 给自己放个假，离开目前的所在地，到一个完全陌生的地方，放飞自己的心情。

2. 买一罐有着各种口味的水果糖，然后就像三毛说的那样，"试试看，每天吃一颗糖，然后对自己说，今天的日子果然又是甜的"。

3. 约上三五好友到餐馆大吃一顿，可以是为了庆祝某件事情，也可以只是为了把所有的烦恼一口一口吃掉而已。

4. 奖励自己看场电影，喜剧也好悲剧也罢，就让自己沉浸在剧情里就好。

5. 冬天回家的路上不妨给自己买个烤红薯，算是对自己一天辛勤工作的奖励。烤红薯那甜香暖人的气息会带给我们最简单却也最真实的幸福。

6. 换一个新发型，以全新的面貌迎接新的人生。

薪水算什么，
我为自己而工作

——要工作，也要生活

计划一次田园旅行，给心情放个假

除非你一直过着田园生活，否则你一定深深懂得能呼吸一口清新的空气是一件多么幸福而又难得的事情。找一天远离城市的喧嚣，到郊外的乡下呼吸一下新鲜的空气，看着满眼绿色也是一种久违的享受。所以找个机会感受一下这难得的待遇，相信你一定会立马神清气爽，正好为接下来的工作给自己充充电。

不要有了决定又为定在哪天去郊外犹豫，很多事拖的时间越久，热情消退的越多，不如就选在这个难得的周末或是假日，不要顾虑了，告诉今天的你一定不要让自己窝在家里不动了。成天面对着嘈杂纷乱的车水马龙，过街闹市的人声鼎沸的确让人生出几分烦躁。而郊区风光不错，关键是空气清新，今天就走出家门，走得远点，躲过这些喧嚣混浊，让我们的神经轻松一下，舒缓一下。

出门之前，事先简单计划一下，并做好一些准备工作。很多人都有很多新奇的想法，有人喜欢攀山，有人则对越野感兴趣，或者攀岩、速降，喜欢挑战的人会选择更具挑战性的极限运动，比如帆板，这需要一点勇气和激情。他们喜欢在完全放松的情况下，勇敢地挑战自己，在波涛汹涌的大河大江里随流而下，飞速穿梭……虽然，一般的远足不像这些玩法需要特别的技巧，但如果有适当的训练和准备将有助于应付大自然多端的变化，减少意外事故发生的机会。

首先，和谁一起去，找人同行还是一人独往。如果要去比较偏远而且地势崎岖艰险的地方，最好还是约人一起同行比较安全，如果真的很想独自享受清静，那最好别走太远太偏。其次，远足前一晚必须充分休息，出发前吃一顿丰富而有营养的饱餐，以便有充足的体力持久步行。最后，因为户外运动的特殊性，还需要准备一些适合户外运动的装备，以便更好地保护自己。穿着适合远足用的衣服和鞋袜，有可能的情况下，携带登山手杖。其他的，如地图、指南针、急救药箱等，视情况所需备带。

准备出发了，一定要先放松心态，放下生活中的一切烦恼和负累，以开阔宽广的胸怀来拥抱大自然，感受大自然，呼吸大自然的清新气息。这也许不只是对胸腔的一次排毒，也是对心灵深处的一次洗涤。

户外活动注意事项

1. 出发前

准备出发前，前一晚必须保证身体充分的休息，以便有充足体力持久步行，精力充沛也会减少一些意外伤害的机会。

远行前，充分做好资料收集功课，对沿途可能遇到的情况有大概的了解，比如当地的气候，当地民风如何和可预见到的危险。收集信息之后做到心中有数。针对一些具体情况，尽量详细地做出切实可行的计划。

出发前，一定不能忘记的就是了解一些急救常识，有些状况是可以自救的，或者是延长时间，等待救援队救援，你可以上网查找相关资料或者看一看急救手册。

准备好急救工具和药品，以备不时之需。针对计划做好充足的物资准备。对装备要提前熟悉使用，急救药品有纱布、创可贴、酒精棉、止泻药等。

2. 途中

如果是多人一起活动，在活动中一定避免单独行动，坚决反对个人的冒险行为，一定要做到和其他人配合好，对自己和他人负责。

在活动途中，最好不要采摘野生果实拿来食用或饮用不确定水源的水（如遇紧急情况下除外）。

爬山时，如果对山路不够熟悉，最好不要绕开现成的山路而步入草丛或树林。

途中需要就餐时，不要在非指定的地点进行生火或煮食，因其可能引起山火，而且在非指定地点就餐也是违法的行为。

为了安全起见，途中拍照尽量避免站立崖边或攀爬石头拍照或观景，如遇气候有变，非常危险。

如果不在紧急情况下，避免行走在湿滑石面、泥路或布满沙粒的劣地上。

已经上路，要随机应变，计划要根据实际情况作调整，很多计划的完成是要靠运气，不要太倔强，要顾全大局，客观看问题。

调整好心理，控制好情绪，不要太过兴奋。遇事坦然面对，不要太慌张，作任何决定之前要保证自己在完全冷静的情况下。

团队活动一定要和领队保持步调一致，有意见可以和领队谈，一旦领队做出决定，要坚决执行，不在队员中散布不满情绪。

控制好自己，不盲目无谓地进行冒险活动。

途中，随时检查自己的物资和装备，做相应的补充和保养，并且确保没有丢失。

3. 儿童户外活动注意事项

应对紫外线

紫外线强度由 0 级到 10 级不等，级别越高说明对人的危险性越大。当紫外线强度高或者较高时，如上午 10 点到下午 2 点之间，家长尽量不要让孩子在阳光下活动，在这段时间最好找阴凉处休息。

当紫外线强度很大时，尽量找阴凉的地方活动。让孩子在没有太阳直接照射的地方活动，比如说有树荫的地方，通风的地方。

给自己和孩子涂好防晒霜。应当在出门约 20 分钟的时候在脸部、颈部以及手臂等部分均匀地涂上防晒霜，防晒指数至少是 SPF 值为 15。如果是去游泳或者游戏中出汗很多，则应当每隔两个小时重新涂一次，避免因紫外线太强烈导致皮肤损伤或过敏。

当阳光强烈时，太阳镜和遮阳帽是最好的首选，家长给孩子找一项他们喜欢的宽边帽子带上，这种帽子能够阻挡很多紫外线，同时一款合适的太阳镜也能够保护孩子的眼睛不被强烈的紫外线灼伤。

找个时间，修补某件旧物

进入 21 世纪之后，所有的事物都在追寻一个字"快"。人们的生活在不停歇地向前跑，生怕被时间甩在后面，甚至总希望超过时间。小时候希望能比其他小朋友的学习成绩都好，希望能跳级，能尽早上高中，上大学，长大了，没工作多久，就希望赶快升职。生活中也总是充斥着"一次性"的物件，很多年轻的小夫妻家里最多的是一次性筷子，一次性碗，一次性杯子，用完了就扔。这样的情况时有发生，如果是遇见比自己年长的长辈，就会引发这样的对话："年轻人还是太年轻，不会过日子。这样子生活哪成啊。"小年轻却这样回答："现在时代变了，不必要什么东西都用得破旧不堪了还舍不得扔；如今我们拼了命地赚钱是为的什么啊，就是为了花，能过上高质量的生活。旧的不去新的不来。"我们先不去管到底谁说的对或是错，这只是因为每个人的生活方式不同，所以就造就了它们在对待一件事物的看法多少有不同，时代在变迁，不管物品如何更新换代，但总有那不变的一点"珍贵"值得保留，那就是——节约与环保。而且时代越是更替得快，越要被重视起来。

其实，乍一听，节约与环保，总感觉要没完没了地废物利用和节省，也许是我们把这个问题看得过于狭隘，节约没错，过上高品质生活也没错，但偶尔做一点废品利用，不仅锻炼了自己的才智，你也会发现在自己手中的"废品"居然变成了"宝"；抑或者还可以为你的生活带来另外一种新鲜感，不失生活中的情趣。

所以，如果你有时间，修补一件旧物，你会发现其中有很多乐趣，同时也节省了一些开销，两全其美的事情，何乐而不为。刚开始可能会有点无从下手吧，其实可以静下心来想想，生活了这么久的家，一定有很多东西已经旧了，再去想想你最近是不是有说过要换掉某样东西，那就先从它们开始"下手"吧，不管是大件还是小件，都可以经过你的巧手去"改头换面"一番，比如衣柜用得旧了，或者嫌它过于小了，那么你可以在柜面上贴上你喜欢的图案，又或者放几个整理箱子在柜子上面或里面，分类明确。此外你可以借鉴一下大师们的设计，让他们的创意带给你灵感，让这些旧物重新"洗心革面"。

赶快行动起来，好好发挥你聪明的脑袋，顺便也挖掘一下自己创意才能的潜质吧。

家居 DIY——巧手扮靓生活

1. 孕妇装可以自己做

如果你需要一件孕妇装，花钱去买只穿几个月实在是不划算，不如自己做一件或者将旧衣服改造一下。

如果你有露背的太阳裙，只要把裙子两边拆开，再选择和裙子搭配的两块布缝在两侧，这样看上去就像设计出的时装裙，而裙子的宽度可以增加，怀孕时穿着很合适，产后只需在腰间系一条精致的腰带，同样可以穿上外出，不错吧。也可以把老爸或丈夫的宽大裤子改造，把小腿部分缝得窄小一些即可，穿上这样的裤子，外面再套一件宽大的外衣，在外衣的遮掩下，你的身材会显得非常适中。

2. 保鲜膜芯筒做收纳隔断

一些零乱的小东西常常在需要的时候找不到，别着急，用保鲜膜芯筒做的收纳小隔断可以帮你解决这个难题。

①把保鲜膜芯筒竖着从中间剪开，分成两半，把边修好。在每个剪好的半圆筒下面粘上双面胶。

②把剪好的半圆筒排列好，粘在抽屉里，一个收纳小隔断就做好了。将小物品整整齐齐地摆放好，再找的时候就容易多了。

同样的原理，保鲜膜芯筒还可以做收纳化妆品的小隔断。

①将保鲜膜芯筒锯成高低不等的小段。

②取一个盛杂物的篮子，先垫一张纸，把小筒按高矮顺序整齐地排列在篮子里，将各种化妆品分门别类地插进高矮不同的小筒中。还可以加入内径稍大的手纸芯筒，用来放棉签盒和梳子之类的东西。这样一来，化妆台就整洁多了。想用哪种化妆品的时候，随手一拿就可以了。

3.旧衣服的几大用途

你家里的旧衣服都是怎么处理的呢？相信有很多人的回答是"压箱底"。的确，旧衣服的处理一直是个问题，现在不用再为处理家里的旧衣服烦恼了，看看下面的办法，学着做一些实用的小东西吧。

①牛仔服做包

一般女士的外套质地和颜色都不错，选没有接缝的地方，剪下两块，先缝成个圆桶，再把底部缝上。然后剪两根5厘米宽、30厘米长的带子，分别缝成两指宽的包带，再钉在包口。也可以钉在包外面，用东西加以装饰。你还可以做成你自己喜欢的形状。这样我们就可以用这个包去买菜了，既好看又方便，不用大袋小袋拎那么多，又为环保作了贡献，减少了白色污染。

②套头衫做收纳袋

剪掉套头衫的袖子和领子，把有洞的地方缝起来，再钉上带子就成了一个包，可以放换季的衣服或袜子。

③棉质衣服做抹布

把衣服剪出你需要的大小，厚的将 1 ～ 2 层缝到一起，薄的用 4 层缝，再在角上钉上一根绳子，不用的时候挂起来，可以用来清洁家具，最好不要用来洗碗。

④领子做发带

把内衣和羊毛衫的领子剪下来，可以做发带。如果大了就去掉一节再缝上，把两个袖口接在一起也可以。

⑤袖子做护袖

把旧衣服的袖子剪下你需要的长度，在两头缝上松紧带就成了一个护袖。

⑥做宝宝的尿垫

选厚实的、大块的、吸水性、透气性好的布给宝宝做尿垫，记得有接缝的地方要拆开，中间夹些毛衣或是秋衣、秋裤的片片，缝结实。接触皮肤的一面要用棉质、柔润的衣料。

⑦做孩子的围兜

孩子吃饭时总会把衣服弄脏，非常难洗，这时候你就要挑一块布给他做一个围兜。围兜的形状有月牙形的和方形的，月牙形的在两头缝两根带子，系在宝宝的脖子上。方形的可以在四个角上缝四根带子，两根系在脖子上，两根从宝宝的腋下系在身后。

⑧裤子做门垫

把裤子沿缝剪成长方形，这样就有四片布了，中间可以垫上夹层，然后缝合。放在门口，进门时在上面踩踩，脚上就干净了，不会再把地弄脏。

4.旧领带做雨伞套

雨伞套不小心弄丢了，没有"衣服"的雨伞很容易变脏，找条旧领带做个雨伞套就解决问题了。

①找一条旧领带，量一下伞的长短，剪断领带。

②打开领带中缝，把伞放在拆开的领带上量"肥瘦"，再将领带由窄而宽缝合起来。

③把做好的伞套内里翻出来，套入伞。看一下，呵，大小正合适。这下就不用担心雨伞被弄脏了。

5. 卫生筒芯做藏宝盒

卫生纸用完了，里面的筒芯不要随手扔掉，拿来做一个椭圆形的藏宝盒收藏你的心爱之物吧！

准备原料：卫生筒芯1个、硬纸板、包装纸、白胶、纸条

步骤：

①将一个卫生筒芯从中间剪开成两个半弧形。

②按所需要盒子的高度依次修剪半弧形的高度，并剪出盒身及盒盖部分。

③先做盒身部分：将剪好的两个半弧形中间结合硬纸板，用双面胶粘好。

④盒身基本完成后，按盒底部大小裁剪合适的硬纸板，并用包装纸粘贴底部，包装纸的边缘要大于硬纸板的边缘约1.5厘米～2厘米。

⑤将包装纸边缘多余的部分与盒身粘贴。

⑥裁剪一长方形包装纸，长度与椭圆盒子的周长等同，底部同盒底，上部多留出盒身上部边缘约1.5厘米～2厘米后粘贴。

⑦将上部预留的包装纸与盒子内壁粘贴。

⑧盒盖部分做法亦同，不过，注意盒盖的直径要略大于盒身，这样才能实现紧盒身的功能。这样，一个椭圆形的藏宝盒就做好了。

6. 硬纸壳做 CD 架

家里的 CD 太多了，CD 包不够用，那就找点硬纸壳做个 CD 架吧。

准备原料：旧硬纸壳（宽度超过 30 厘米，以保证 CD 能装进去）、钢针、裁纸刀、尺子、笔。

步骤：

①纸壳取中点，左右各取 11 厘米，顶上留白，画出顶线，注意格子要取单数。

②沿横线将纸壳裁开，翻过纸壳把线画透。

③每隔一个把横格从正面沿中线向里面推。

④用钢针穿起 CD 架的四个角，再套上橡皮筋固定，加上装饰即可使用，前后均可装 CD。

赶快将 CD 放上去吧，这个"新家"能够很好地存放你的 CD 哦！

故地重游，寻找逝去的美好

有一种美好，永远停留在过去的某一个地方，因为已然逝去而弥足珍贵，因为怀念而更加难忘。过去的已经无法回头，但也许还可以循着曾经的足迹，寻找回忆的斑点，在心里久久珍藏。

回忆是具体的，一件具体的事，发生在过去的某个具体的时间，具体的地点。事情已经过去，时间已经改变，也许唯独只有那个地方，还如往昔。

故地重游，不是为了沉迷过去，不肯醒来，而是让过去的欢笑和快乐重新充盈心间，体味生活的美好与幸福，尤其当你感觉到生活的苦闷和无奈的时候，故地重游，总会勾起你对往事美好生活的怀念，回忆总是美好的，我们回忆的内容也将是愉快的，虽然往事总伴随着开心与伤悲，但每当回忆时，我们总会习惯性地把悲伤淡化，因为曾经的这些故事总会激起你找回幸福与快乐的信心和勇气。

如果当失去的人已不在身边，故地重游，循着记忆的足迹，找回的是过去的那种感觉，感觉还如昨昔那般美好。失去是让你更懂得珍惜现在身边拥有的，不要让今天的遗憾在明天重演，为了你在乎的人，珍惜过好摆在你眼前的每一天。

每个人都会有安安静静追忆往事的时刻，傍晚我们坐在书桌边冥想，手边一杯香茗，我们彻底放松下来，想起当年的自己和与自己相关的人们，这种感觉就好像，傍晚时分偶然抬头望月，月光偷偷窜进你的视线，虽不刺眼，但却拨乱了你的心弦；所以，再次重游故地，其实就是想要告诉自己有些事无法逃避，必须有勇气面对，也许你曾经犯下过错，才让美好溜走。但不要因为这些事过多地纠结和追悔，当美好在心中重新演绎的时候，仔细想想你错在哪里，你该如何去纠正和弥补。勇敢面对，积极更新你的人生，认错改错不是让你把过往的痛苦久久在心里缠绕，而是让过去点燃今天行进的路灯。已经逝去的，如果可以，选择放下，轻装上阵，你会比昨天走得更好。

故地重游，同样的地点，却已是不一样的姿态。

重游故地，想办法与儿时的好友取得联系

一段友谊，是一种记忆，更是一笔财富，珍惜你生命中的每一笔财富，就要想办法把不小心遗失的财富寻找回来。

儿时的记忆，肯定包含了儿时的友谊、纯洁的童年，友谊是纯洁无瑕的，所以才显得珍贵。如果还能找回儿时的这笔财富，付出多少代价都是值得的。

重新去你们童年玩耍过的地方，回忆一下儿时的好友，仔细想想你们是什么时候开始中断了联系？是什么原因而失去了联络？最后一次联系时你们彼此之间都留下了什么，是否有可作为如今线索的信息？你们之间是否还有旧识，这样的旧识是否还能联系到？

利用这些线索想办法四处打听，从蛛丝马迹中寻找到有用的信息，这需要我们的耐心，可能很多人会因为一次又一次的失败而深受打击，变得沮丧。所以，首先必须做好充分的思想准备，这个工作可能不会很轻松，在茫茫人海中寻找一个人，实在不是件容易的事。

如果利用各种和过去关联的线索仍无法找到，别绝望，别忙着放弃，想想我们现在处在一个怎样的时代——信息时代。现代信息科学的发展为我们提供了各种便利的条件，网络、报纸、电台等都是重要的传播和收集

信息的媒介，通过这些媒介发布你的寻人启事，相信很快便能找到你要找的人。

什么方法，什么途径，全看你自己的选择，如果你有诚意，相信你会想方设法地找到你要找的人，真的，关键就是看你的诚意是否足够。

到曾经念过书的地方，带着鲜花去看望恩师

尊师敬师者不一定有大学问，但有大学问的人一定是尊师敬师者。任何一位学生，只有真正做到尊师敬师，才有可能很好地接受教育，才有可能充分开发自己的学习潜能，才能学有所得，学有所成。

尊师敬师不只是表现在求学期间，更重要的，是要在离校别师之后，还不忘昔日恩情，时常看望当年的恩师。这也是对各位为教育事业默默奉献的人民教师的最欣慰的回报了。

看望老师并不一定要带多么贵重的礼物，一束鲜花最能代表心中的感激和恩情，康乃馨就是很好的选择，甚至你能回到旧时上学的地方，看望看望他们已经是最好的报答。或者你还想给老师送上别的什么礼物，全看你的心意以及你对老师的了解，你觉得他有可能会喜欢什么礼物，或者他不排斥学生的礼物，要知道，有些老师不太接受学生的馈赠，这些都是个人性格问题。但无论如何，鲜花是一定要带上的，因为它是最好的祝福。

选好礼物后，事先给老师打个电话，送上你的问候，并表达你想去看望他的愿望，具体约好时间。记住约好的时间，按时到达，无论你有多忙，不要耽误老师的时间。

你也可以和其他同学约好，一起去拜访，这样会让老师更高兴。见到老师后，如果可以，给老师一个热情的拥抱，问老师身体好，然后给老师讲你现在的境况，工作和生活各方面都可以谈，说说老师当年的教诲对

你现在的帮助，感谢老师的育人精神，并询问老师现在的工作情况，学生是不是还像自己那般，或调皮，或不懂事……

　　视情况而定，是否留在老师家吃饭，如果你觉得太麻烦便婉言谢绝，如果你觉得老师是真的想和你继续拉拉家常，那么就留下来，师生之间的亲切感也会因此倍增。

拍一组风景照，整理好，作为自己的艺术珍藏

在任何时候，快乐都是给自己和他人的最好的礼物，当快乐成为一种习惯的时候，你甚至不需要给快乐找理由。因为快乐，所以快乐……慢慢地，快乐，就成为我们生活的一个习惯。

首先要选一个风景优美的地方，有山有水，有树有花，即使路程远一点也没有关系，早点出门，当太阳升起的时候，刚好赶到这个地方。

拍出好的照片，好的相机当然也是关键，所以，如果你自己没有好的相机，那么，想办法借一个，即使去照相馆租一个也是值得的。

如果你对自己的照相技术没有信心，那么事先找个摄影高手学习几招，当然，我们是为了寻找一种生活的气息与灵感，寻找人生的乐趣，并不是要做得多么专业，所以，对于照相技术和照片的效果不必过于追求，自己觉得满意就行了，只要你觉得拍出来的作品有收藏价值就可以。

选取你自己认为最美的景色，多角度拍摄，别忘了调好亮度、色度、焦距之类的。照完之后，别忘了在相机里看一下效果，如果效果太差，最好删掉重新照，免得占据空间。虽说是风景照，但景中有人也是一种美，如果有同伴，互相给对方留影。人与大自然的融合，是最美的艺术。

尽量多照些不同的景色，在大自然陶冶性情，绝不枉此行。

照完照片，回家后的工作还很繁重，把照片按类整理好，打印或者冲洗出来，用相册装好。如果是你特别喜欢的一张，可以装裱起来，放在书房或者家中任何一个你觉得显眼的地方，最好每一张照片下面备注一

下，备注的内容完全由你自己决定，可以写上此景的名称，也可以是你的感想和赞美，甚至是当时拍下它一瞬间的思绪。

整理完之后，把它当作艺术珍藏，和你其他的"宝贝收藏"放在一起吧。

聚焦生活

1.让相机锁定你的生活，不管未来与过往

都说幸福有时只是一瞬间的感觉，那么幸福生活是由一个个的片断、一个个的细节、一个个的瞬间组成的，如果可以，把这一个一个美丽温馨的瞬间收录成册，供以后慢慢欣赏回味，那将是怎样的一种幸福啊！把瞬间幸福的感觉转化成永恒的纪念与留存，这未尝不是一件很浪漫的事。

把幸福记忆封存起来，而幸福是种感觉，生活中的点点滴滴凝聚成的一种感觉，每一天的平淡生活中承载的都是满满的幸福。想要把这些幸福的瞬间都记录下来吗？最简单最直观的方法就是用相机拍下来。

你可以选择带上相机和家人出游，拍下每个人在广阔的天地中真性情的一面，每一个表情，每一种形态，都是真情流露。如果不想出去，在家里也能拍摄，不要认为太过家居就没有拍摄的价值，其实我们要留下的就是这种最最平常最最普通的家居幸福片断。如果你想拍下最真实自然的一面，可以事先不告诉家人，在他们欢声笑语之时，偷偷拍下这些温馨的瞬间。或者是家人们惊诧的眼神，或者谁是经常做饭的那个人，为了记录他（她）的辛勤劳动，今天就把相机对准厨房，拍下他（她）忙碌的一面，饭桌上大家享受可口的饭菜时的温馨场景，饭后一家人坐在一起看电视的画面等，这些都是非常有价值的。

生活本来平凡，而平凡的生活中却存在很多感动和激情，这总是我们往往忽略的东西。其实你想做任何一件事，只要是你喜欢并且积极的，

形式并不重要，随意随性才是我们应该追求的生活态度。

2.给自己拍一组生活照

生活其实很多彩，像一道七色的虹彩，倾泻出多彩人生；生活其实也很靓丽，就像一块透明的三棱镜，折射出人生的七色；生活其实很动听，就像一支清越的曲子，演奏着跳跃的人生；生活其实也很深邃，就像一部大书，提炼出人生的真谛……生活就是这样，充满着无限的乐趣，懂得享受生活，才不枉此生。

既然生活有这么多感动，有这么多值得纪念的东西，那么我们应该找个机会和方式好好做个珍藏，找一个朋友和你合作，就拍一组极其生活的照片，你帮他拍，或者他帮你拍。多找几个与你生活息息相关的场景，家里就不错，然后到外面小区，工作单位，反正就是你经常要出现的地方，拍下你平时生活的样子。

你可以多换几套衣服，感觉就像在不同的时候，在家里，穿上你平时的家居服，你吃早餐的样子，在厨房的忙碌的样子，打扫屋子的样子，和家人吃饭的样子，晚上就寝前的样子，这些统统都可以照下来，你还可以和你的家人合影，像平时一样，一家人围坐在一起，话话家常，看看电视，其乐融融，用相机拍下最真实的样子。

在工作单位，拍下自己为完成工作任务专注的神情，和同事聊天的样子，整理文件的样子，工作累了闭目养神的样子，等等。请求同事的帮忙，尽量表现得和平时工作一样，最真实最自然的工作状态是这次的主题。

在其他场所，大街上，公园里，你平时娱乐的场所，就要表现你开怀的一面。放开自己，尽情玩乐，表现你最为爽朗的一面，让相机记录你率真的快乐生活。

读一本让内心平静的书

读一本好书，像乘上一艘万吨巨轮，载着我们从狭隘的心的小溪，驶向永远波澜壮阔的思想的海洋。读一本好书，像擎起一炬熊熊燃烧的火把，即使在没有星光也没有月色的黑夜里，你照样能够信步如飞而绝不迷途。读一本好书，可以指明一条道路。

读一本好书，有如与一位绝好的友人在一块待上几个时辰，即使一语不发，只默默感受文中那无声的宁静与温柔，心里也能踏实熨帖得不行。

一本好书，一杯清茶，一分静谧心情，一桌一椅，静心坐下来，和书中的人物互换心情，和高尚睿智的作者喁喁私语。这种生活，只怕连神仙也不会再挑剔什么了，难怪罗曼·罗兰要说："和好书生活在一起，我永远都不会叹息。"原来这也是一种修炼，借助书的力量，修炼我们的心绪。

不信，你拿起一本好书，认真阅读，你会感觉仿佛进入一个绚烂多姿的缤纷世界。有沉思、有感叹；有激昂、有欢笑；有火山爆发、有狂飙倏起；有淙淙细流、有洪波万里；有云卷云舒、有潮起潮落；有飞流直下三千尺、有一行白鹭上青天……你也许还会跟着书中的情节紧张、愤恨，甚至读到情致浓时赔上自己的泪水，跟着主人公一起动容，你在书中可以过另外一种人生。

如果你喜欢听古典音乐，你更会觉得读好书的感觉就仿佛徜徉一段经典名曲。托尔斯泰的博大精深一如贝多芬的深沉多思；欧·亨利的诙谐幽默仿佛海顿的轻松明快；福楼拜的精致入微恰似巴赫的婉转细腻；鲁迅的辛辣犀利正像瓦格纳的奔放不羁……不觉间，音符翩飞，旋律起伏，节奏纷沓，书人合一；一忽儿，白雪阳春，水清月朗，天高云淡，心若止水。这时候，世界不再喧嚣，内心不再浮躁。

选择一本好书，认真读一读，可以请教会读书的人，让他们帮忙推荐，也可以找来心中一直想读却没有足够时间阅读的书，今天就给自己一个足够的空间，什么事都不做，什么事都不想，只用来专心徜徉阅读的海洋。

慰藉心灵的书籍

1.《于丹的天空》

这本书带给我们的安静，是彻彻底底的一次与心灵的对话；时下来自西方世界的身心灵修炼是西方人对生命终极思考而诞下的一颗"新果"，那么，源于中国几千年传统智慧的心灵课堂则是国人对当下生活的"反刍"。相比之下，传统心灵更习惯于悠游在人心的和谐，追求安身立命、过好日子、把握幸福等。看倦了当下图书动不动就是"心灵世界"修炼、"能量场""冥想"等概念之后，重新回归传统心灵励志的理念，深耕福田，也不失为一种更实际、更温暖人心的阅读选择。

2.《一只流浪狗的心事》

这本书很适合时下的年轻人阅读，读过之后内心的平静，就是让你在奋斗的路上切勿焦躁，平静地看待，正如一只流浪的小狗，有时却能随遇而安。它是北漂而上，寻找梦想，寻找亲人的小狗臭臭，却有着截然不同的生活状态，用他自己的话来说，就是："明天的事情明天再说吧，我不需要去为房子、车子奋斗不息，也不需要为了下一代而愁眉不展，我只是一只四处漂流的小狗。有吃有喝，有朋友聊天，就是最大的享受。"

小狗臭臭温柔的心事在繁华的大都市中不值得一提，瞬间便会湮没在车水马龙之中，比起那些四处奔忙、无暇停下脚步思考的蚁族，臭臭显得格外地悠闲幸福。

其实，生活本该如此，奋斗是青春里，理所当然的一部分，但我们在奋斗的同时，也不能忘记生活本真的面貌。走得太匆忙，就会忽略经过的景色，从而也会错失人生里，你本该拥有的美好。

学会欣赏古典音乐，掌握绘画技巧

"人不单靠吃米活着的"，精神的食粮也是人类美好生活里不可或缺的。没有谁能阐释出人的精神能走多远，在那个无法用肉眼看得到的领域，每个人行走的节拍都不一样，不分时间和空间，只要心灵相会就是在进行精神深层次的对话。例如，我们无法知道在古典音乐领域里，海顿和贝多芬在进行怎样的交流，他们的交流随着音乐流长有始无终；我们也无法揣测毕加索和凡·高是否在绘画方面进行着恒久的谈话，但我们知道，古典音乐和绘画让我们感到心灵的震撼，永远提醒着我们去沉思。

一提到古典音乐，很多人就会想到它的高雅、内涵丰富、关于人类和命运的思考等，由此会觉得它高深难懂，不是一般人能走进能欣赏得了的艺术，所以会望而却步。其实，古典音乐带给人们的不仅仅是优美的旋律，充满意旨的沉思，还有最真挚的情感，或宁静、典雅、闲适，或震撼、鼓舞、不屈，或欢喜、快乐，或悲伤、惆怅、叩问……虽然不是每一个人都能欣赏得了它的典雅奥妙，但每一个人都可以欣赏它反映的情绪，所以，古典音乐其实离我们很近，它一直在谱写着我们内心深处的乐章。

绘画，也不是一门拒绝被欣赏的艺术，在中世纪的欧洲，人们常把绘画称作"猴子的艺术"，认为如同猴子喜欢模仿人类活动一样，绘画也是模仿场景。所以，最初的绘画是直接明了的，后来，现实的模仿发展到一定高度时，人们开始反思自身，开始模仿内心的情绪，但是，这并不妨碍人们接近绘画这门艺术。但它不像古典音乐，懂点基础音乐知识和创作者的经历就可以深入倾听，对于绘画，人们是有必要掌握基本的绘画技巧的，这样人们就能把所见的美景和内心的情绪表现出来，提高人们的审美能力。

我们可能无法自己创作高雅的古典音乐，但我们可以选择学会欣赏它。如果我们掌握了基础的绘画知识，就可以在生活里亲自勾画简单的生活图画，这也未尝不是提升人生境界的一种方式。

古典音乐赏析案例

柴可夫斯基的《罗密欧与朱丽叶》幻想序曲，作于1869年，经过多次修订后，这部作品是柴可夫斯基早期的代表作品之一，也是他流传最广泛的作品之一。这首曲子的题材取自莎士比亚的同名悲剧，罗密欧和朱丽叶分别是蒙泰欧和凯普莱特两大贵族家族的青年男女，因两个家族的世仇，有情人难成眷属。

柴可夫斯基采用了强调刻画悲剧的中心人物的手法，整首曲子虽穿插着爱情，却带着永恒的悲剧格调。在音乐史中，以《罗密欧与朱丽叶》为题材的音乐作品众多，柴可夫斯基的这部幻想序曲便是其中非常成功的一部。引子的主要主题是一个严峻而阴郁的圣咏旋律，概括地揭示出了整个故事的悲剧性。主部主题表现两大家族世世代代的仇恨和斗争；副部主题则表现了罗密欧与朱丽叶的甜蜜爱情；展开部主要表现了两大家族间的斗争的白热化。在乐队全奏的高潮中，主部主题再现，显示出仇恨已无法消除的悲剧。副部的再现从忧虑、悲哀发展到绝望的呐喊，此时悲剧已无法挽回。幻想序曲的尾声描绘葬礼的行列，在此背景上出现了爱情主题，是对罗密欧和朱丽叶悲痛的回忆，被称为"我们的爱情"，是让人们非常感动的歌曲。

油画的绘画技巧

1. 挫：挫是用油画笔的根部落笔着色的方法，按下笔后稍作挫动然后提起。

2. 拍：用宽的油画笔或扇形笔蘸色后在画面上轻轻拍打的方法称为拍。拍能产生一定的起伏肌理，也可减弱原先太强的笔触或色彩。

3. 揉：揉是指把画面几种不同的颜色用笔直接操合的方法，颜色操合后产生自然的混合变化。

4. 线：线是指用笔勾画的线条，油画勾线一般用软毫的尖头绪。

5. 扫：扫常用来衔接两个邻接的色块，使之不太生硬，趁颜色未干时以干净的扇形笔轻轻扫掠就可达到此目的。

6. 踩：踩指用硬的猪鬃画笔蘸色后以笔的头部垂直地将颜料踩在画面上。此法一般不常用。

7. 拉：拉是指油画中有时需要画出竖挺的线条和物体边缘如画锋利即剑或玻璃的侧面等，这时可用画刀调准颜色后用刀刃一侧将颜色在画面上拉出色线或色面。

8. 擦：擦是把画笔横卧，用画笔的腹部在画面鼓擦，通常擦时用较少的颜色大面积进行，可形成不很明显的笔触，也是铺底层色的常用方法。

9. 抑：抑是用刀的底面在湿的颜色层上轻轻向下压后提起，颜色表面会产生特殊的肌理。在有些需要刻画特殊质感的地方用抑技法可达到预期的效果。

10. 砌：砌的方法是用刀代替画笔，像泥瓦匠用泥刀环泥灰那样将颜色砌到画布上去，直接留下刀痕。用砌的方法可以有不同的厚薄层次变化，刀的大小和形状以及用刀的方向不同也会产生丰富的对比。用画刀调取不同的颜色不作过多调和，任其在画面上自然地混合能产生微妙的色彩关系。起伏过大的色层也可用砌的方法将其砌平。砌的方法如果使用得当，就会有很强的塑造感。

11. 划：划指用画刀的刀锋在未干的颜色上刻画出阴线条和形有时可露出底层色来。

12. 点：点就是用不同形状和质地的油画笔又可产生不同的点状笔触，对表现某些物体的质感能起独特的作用。

13. 刮：刮是油画刀的基本用途，刮的方法一般是用刀刃刮去画面上画得不理想的部分，也可用刀刮去不必要的细节或减弱过于强的关系，让显得紧张的画面关系松弛下来。

14. 涂：涂就是构成油画体决，即面的主要方法。主要方法有平涂、厚涂和薄涂等，也有把印象派的点彩法称为散涂的。

借鉴大师的设计，把房间装饰得更有情调

除了工作场所，一天中还有一个地方我们会待很长时间，这个地方的环境条件如何，可以直接影响我们的心情，甚至第二天的精神状态，这个地方便是我们每晚睡觉的卧室。

每个人应该都想有个"安乐窝"吧，那就想办法把自己的卧室装饰一下。怎么装饰完全随你自己的喜好，你可以事先在心里勾画一下，可以的话，画一个草图。如果你觉得自己没什么主意，只要你愿意，去向专业设计师咨询一下也是没有问题的。或者去看看相关的室内设计的杂志，并不用完全照搬，只是启发一下思路，希望得到一点灵感；又或者可以去家具店看看，仔细研究一下样板间与你家的区别，哪些设计你也可以用得上，哪些是你可以改进的，多借鉴一些大师设计的样板间，你会有不一样的收获。

也许你并不想弄得太复杂，只是想简单装点一下，自己觉得舒服，看起来比较温馨自然就行。比如买一些鲜花、绿色植物什么的，放一瓶清香的鲜花在床头，早上起床就能感觉到大自然的美好，这是件多么惬意的事。你也可以把自己认为比较满意的照片，扩冲放大，贴在卧室的显眼之处，每天睡前和起床后都看一下自己甜甜的笑容，让你每天起床后都有一个美好的心情。

如果你喜欢中国字画，挑选一幅自己喜欢的字画，挂在床头。想激励自己的斗志，就选一幅励志类的题字。想欣赏中国水墨，就选一幅风景

优美的山水画。如果你喜欢精致的小饰物，挂一串风铃或者灯笼之类的在某一个角落。

还有一个细节别忘了，铺一床漂亮的被单，会让卧室增色不少。被单的颜色最好选择和卧室的颜色基调一致，这样看起来比较和谐，至于花色什么的，就完全取决于你自己的喜好了。整理完毕后，坐在房间里，仔仔细细环顾收拾好的这一切，然后泡上一杯热茶，一边欣赏自己的杰作，一边置身在这片优雅的环境中。

居家心得

1. 整理一下房间，把那些没用的旧物丢掉

人生的循环，在于得与失的选择，而得与失的关键，是要舍得放弃。所谓"旧的不去，新的不来"，舍得放弃，其实是为了得到以后更好的机会。这不是消极的人生观，相反是一种积极进取的清醒人生观。

人生有时就是这样，有时候不得不学会舍得放弃，也许这会有无奈，会有许多伤害，但如果一旦做到了，将会收获更多。今天休息，看看房间里越堆越多的东西，干脆整理一下杂物吧。看看那些被自己视若珍宝的收藏都是些什么，年代久远的，对现在是否真的还有意义呢？除了纪念，平时你是否还会再想起它们？这些陈年旧物，也许搬了几次家都舍不得扔掉，于是越积越多，还造成了搬家和收拾房间的负担。在今天看来，很多东西都已经发黄发暗，实在该下决心扔掉一些了。把那些实在没什么用处的东西统统放到一边，当然，如果有一些若在心里真的很珍视，那就继续保留，直到有一天你不再看重它。这一切的过程，其实也需要顺其自然，关键是别让自己过得太辛苦。人有时总会觉得活得很累，往往是因为抓得太多，舍不得放手，于是让自己的生命承载太多的包袱。

舍得放弃其实是一种选择，不只是对陈年旧物，对生活中许许多多

的东西都是如此。收拾房间的过程会让我们学到很多，领会很多，也许会在瞬间豁然开朗。也许有那么一刻，你终于明白，当一切都已云淡风轻时，何必舍不得松开手呢？舍得，会让人明白珍惜是福，放弃也是会快乐的。

2. 一整天待在家里

人要抵达彼岸，必须得先经历黑暗和痛楚，就像一个人的生活态度，并不是简单的乐观或悲观，颓废或积极的问题，这是一种过程。

一整天，待在家里，只有窗外天空的颜色在发生变化。

清净的晨光，是早上暮色深浓，直至凌晨雾气弥漫，仿佛在一个房间里度过了生命全部的质感变化。待在家里，就可以放下平日在外奔波的劳累，让自己的身心安静地休息，可以和家人享受天伦之乐，也可以一个人自由自在地随便做点什么。

待在家里，你可以趁机收拾一下房子，是不是很久都没有整理了，来一个彻底的大扫除也是可以的。如果你只是想好好休息，那么可以在房间里开着美妙的音乐，坐在沙发上看看小说，渴了吃几口西瓜，兴致来了，哼几首小调，随意地舞动一下身姿。当然，如果觉得一个人闷得慌，可以找几个同样闲得无聊的朋友，煲煲电话粥。

如果有人邀请你出去玩，不要觉得不好意思而拒绝，或者你可以邀请他们上你家来玩，大家坐在一起随便聊聊天，看看电视，玩玩扑克，吃点小零食什么的，难得大家在一起享受这种可以暂时甩开工作压力的休闲。暂时抛开那些吧，自己的心情自己做主，自己的生活也可以自己修整，如果你愿意，你完全可以做得到。

学学茶道和剑道，品味人生

"茶道"最早起源于中国。在唐代，由于物质财富的极大丰富，社会上刮起一阵奢侈浪费之风，很多人把奢华、奢侈、享乐的生活当作是一生追求的目标，"物精极、衣精极、屋精极"成了他们的生活追求。而当时的文人士大夫们，不齿于这种奢华之风，会经常聚在一起品茶、探讨茶艺、论修身养性之道。

唐代刘贞亮在《饮茶十德》中也明确提出："以茶可行道，以茶可雅志。"茶道和人生哲学的相通之处，就是品茶与品人生的心境在最高的境界里会达到契合。当休闲的时候找一个舒适、雅洁的地方，或是配有舒缓音乐装点着艺术作品的房间，或是在清幽的湖水边，用精美的陶瓷茶具伴着流水的声响用心泡一杯茶，然后慢慢地品它的色、香、味，这时你的心境是完全放松的，这种茶艺人生，只会让你感受到自己的呼吸与生命同步。

而另外一种修炼身心的便是剑道，剑道是日本传统的竞技性器械武术，"剑道"一词最早源于中国先秦时期古籍《吴越春秋》。中日很早就有了兵器方面的交流，中国的剑术在隋、唐时期传入日本，经日本人的研习修改，形成独特的刀法技术，在长年的战争岁月中不断演变，确立了日后剑道的雏形。

欣赏剑道主要从外在的技术和内在的心理两方面来看，比赛双方主要比动作的利索优美以及士气的饱满，双方出手前的对峙，其实是心理的对战，从他们冷静或浮躁的内心可以看出比赛者面对人生的态度是豁达随心还是跻身世俗。"先发制人"、"以逸待劳"或"反击制胜"的战术运用里看出的是习剑者修身养性的深浅。

无论你是打算练茶道还是剑道，抑或者你有空可以都练一下，它们其实都表现了人类对修身养性的追求，茶道——书写着天人合一崇尚自然的哲学思想；剑道——彰显的是那种超凡脱俗的清逸之风。有空学学茶道和剑道，也就是学一种品味人生的方式，茶香的悠长舒缓，剑的绕指柔却刚性内隐，无不包含着人生的哲学。

中国茶道的精髓

茶道是一种以茶为媒的生活礼仪，也是一种修身养性的方式，人们通过泡茶、赏茶、品茶来增进交往。茶，作为一种饮料，其本质和中华传统文化的精髓相同，因此才成为中华文化的一种代表符号。中国茶道是"饮茶之道""饮茶修道""饮茶即道"的有机结合，包括茶艺、茶德、茶礼、茶理、茶情、茶学说、茶导引这七种主要义理。中国茶道以"四谛"为精髓，即和、静、怡、真。

"和"是中国茶道的哲学思想核心。茶道的"和"其实就是中华民族统一的"和"，是几千年来儒、道、释三家思想糅合的具体表现。三家都提出了"和"的思想，但各自又有所不同。儒家强调礼仪引导走向的"人和"；道家强调的是任性自然的自然与人的"和谐"，反对过多人的参与；佛家推崇的则是超越现实客体的人与自身的"和"。儒家讲"礼之用，和为贵"，道家讲"天人合一""顺其自然"。所以，一个"和"字，也是中国茶文化的不朽之灵魂。

"静"是中国茶道的灵魂，"和"是因"静"而"和"的，"欲达茶道通玄境，除却静字无妙法。"所以说"和"和"静"是相得益彰的。中国茶道是修身养性之道，静是中国茶道修习的必经之路。

"怡"是"和"的怡，"静"的怡，因为"怡"是灵魂的跳动，是人存天地间对生命脉搏的感受，是生命里真切的感受。品茶和品人生在"怡"里契合。中国茶道是雅俗共赏之道，它的"怡悦性"，体现在日常生活之中，因为它不讲形式，不拘一格，有着广泛的群众基础，成了很多人修身养性的选择。

"真"是中国茶道的终极追求，是中国茶道追求的最高境界。中国茶道在从事茶事时讲究的"真"，不仅包括茶应是真茶、真香、真味；环境是真山真水；茶具最好是真竹、真木、真陶、真瓷，还包括对人要真心，敬客要真情，说话要真诚，心境要真的悠闲。

剑道之精髓

剑道作为一种悠久的传统竞技性武道，一直深受全世界大批爱好者的欢迎和推崇，习练剑道者可以通过系统而严谨的训练，从而提高个人的自我防卫意识，增强自信心，使个人的心理素质得到整体的升华，从剑道的精髓中领悟到人生的真谛。剑道作为一种蕴含着深奥哲理的武学文化，最基本的是使习练者强身健体，更重要的是培养人们不屈不挠、坚忍不拔的顽强意志和勇敢果断，激流永进的拼搏精神。

在剑道的对战中，通过双方手持竹刀对战的方式，以严格的礼节、端庄的姿势、对战双方以诚相对的心态、符合剑理的打击方式、取之有道的胜利一击，从中以剑道修身养性，正规的较量贯穿始终，教给人们要以正心做正事，此为现代剑道的精髓。领悟了最本质的精髓，一切剑招就都成了外在虚化的形式。当能够抛开一切剑招时，也就摆脱了一切的拘束，达到了随心所欲的剑道境界。

所以，剑道运动的姿势可以塑造人的体形，持续的训练培养人的耐力，格斗培养反应的灵敏度。习剑，让人在生活中，遇到困难，会非常地冷静。

学会做几样拿手菜

　　看着一桌子色香味俱全的美味佳肴，我们每个人都会觉得生活真是美好，每一口细细咀嚼品味的其实都是生活的幸福味道。我们都爱美食，可是我们中的大部分人却不会也不愿意待在厨房做几样可口的小菜。难道要顿顿叫外卖，天天去餐馆？外面的饭菜再是美味，也因为少了家的味道而很快令人厌倦。相信很多人都有为一日三餐吃什么而焦头烂额的经历。现在虽然物质财富已经极大丰富，但我们却苦于享受到美食的机会越来越少。其实，为什么不自己学会做几样拿手小菜，在满足自己味蕾欲望的同时，享受厨房的乐趣呢？

　　学会做几道拿手菜，在给他人带来幸福的同时，还能让自己体会到烹饪的乐趣。在厨房里，你就是天才。这份食材和哪份食材混合，这种色彩和什么色彩搭配，这道菜是要红烧还是清蒸，全在于你的创意。你就像回到了天真无邪的孩提时代，享受着小孩子玩家家酒的乐趣。饭菜做得好不好吃，不那么要紧，要紧的是一家人围坐在饭桌边的其乐融融。幸福，其实就是做几道菜那么简单。

教你几道拿手菜

1.麻婆豆腐：

原料：豆腐、猪肉（牛肉亦可）、豆瓣酱、盐、酒、干红辣椒碎、蒜苗、姜末、花椒粉、淀粉、酱油、少许白糖。

做法：①豆腐切丁，肉剁成末，蒜苗切成小段。用淀粉、糖、酒、味精、酱油调好芡汁备用。

②将油用大火加热，然后依次加入豆瓣酱、盐、干红辣椒、蒜苗、姜末、花椒粉、肉末，爆炒直到香味四溢。

③然后加入豆腐丁，改小火慢慢煮沸。

④等到豆腐熟了，加入先前调好的芡汁，均匀淋在豆腐表面，改成大火，稍微煮一下即可起锅。

⑤最后，再撒上适量花椒粉，这道菜就可以香喷喷地上桌啦。

2.冬瓜肉丸汤

原料：冬瓜、猪肉、淀粉、生抽、料酒、葱末、蒜片、姜片、盐、鸡精少许。

做法：将猪肉剁碎，加入淀粉、生抽、料酒、盐和匀；然后在烧热的锅里加入少量的油，待油温升高后，倒入蒜片、葱末、姜片爆炒，然后加入适量的水，水沸腾之后，将肉馅做成一个一个丸子下锅。煮十分钟左右，倒入切好的冬瓜。等到冬瓜煮得有点软了的时候加入鸡精和盐。待冬瓜完全软了之后，撒上葱末就可以出锅了。

3. 松仁玉米

原料：松仁、玉米、小辣椒、胡萝卜、葱、盐。

做法：将小辣椒、胡萝卜、葱切成和玉米粒一般大小；将适量油倒入锅中，待加至三成热时就倒入松仁，保持小火，不断地搅拌以防止松仁煳掉。看到松仁有一点变色就要立刻起锅，利用余温松仁就足以炸熟，变得又香又酥了。然后，另起一锅重新加点油，加入葱花、胡萝卜煸炒，待炒出香味后加入辣椒丁，再加入玉米粒，炒熟后加入少量的盐，即可出锅。最后将松仁和玉米拌匀，这道菜就大功告成了。

自学一门乐器，教你从另一个角度看世界

自古以来，人们看世界的角度是不同的，面对各种各样的世界观，没有谁能说清，哪一种是正确的哪一种是错误的。源自内心对世界的理解不同，人们选择的生活方式也不同，有的跻身尘世，有的超凡出世。

然而，有一点是相同的，就是在我们的内心深处都渴望着一份安宁，没有人会排斥生活中的安宁，这也是人类从幼年走到老年无法逃脱的心路历程。安宁，是内心宽敞明亮，是面对事实的冷静，是人生境界的制高点，似天边的云卷云舒，自然的存在。实现内心安宁的方法很多，比如，很多人努力地工作是为了得到上司和朋友的认可，内心的安宁和你的所得无关，这样得到的不是真正的安宁；也有很多人弃世绝尘逃离世俗，为了避开尘世的烦恼，内心的安宁不是刻意寻求得来的，这样得到的也不是真正的安宁。当一个人不再是为了得到活着而是为了给予活着时，他得到的是内心的安宁，当一个人真正走进艺术时，他得到的安宁才是真正的安宁。为了给予活着是一种长期修炼的结果，而走进艺术则是可以特意为之，不管我们最后能否像艺术大师那样拥抱艺术，但我们至少可以寻找到一个看世界的新的角度。

所以，在闲暇的时间自学一门乐器，不但可以诗意地打发时间，也能让我们在寻找艺术之门时，寻找到一个看世界的新角度。学乐器，不需要数字的计算，也不需要语言的狡辩，"琵琶弦上说相思"，人的情绪是随着乐器发出的音律，在指尖或唇边萦绕的，无论是十指连心还是心由口

出，内心的不平静就在那余音缭绕间平息下去。

两种简单乐器学习方法的介绍

1. 竖笛

竖笛又称单簧管，在台湾又称木笛，直笛，或牧童笛，是一种木管乐器，形状为直身长管，不依靠簧，而依靠做成某种特殊几何形状的吹口来发声，与哨子相似。笛嘴有吹口，笛身有八个孔，在末端另外有两个小孔，用来制造最低的两个半音，笛身头上有个尖板开口。由口吹气至笛嘴的窄管，窄管的气撞到尖板，令气流震荡。笛身的孔则用来控制音高。由于管身通常以黑木制造，颜色黝黑，所以也俗称黑管。

竖笛音域较窄，音色圆润，可以轻松担当乐曲从欢乐愉快至哀伤沉重，又简单易学，所以现多用于音乐教学，为广大乐器爱好者喜爱。

（1）吹竖笛的呼吸方法

初学竖笛时，气息应作为一个难点和重点。吸气要从鼻子和嘴角吸气，吸到胸部和腰部，小腹微微向里收，以使演奏是有气息支持的。为了感受气息的运用，可运用对比法感受用不同的气息吹奏，对竖笛气息的运用有了初步了解后，就为进一步掌握竖笛的基本演奏方法做好了铺垫。

（2）竖笛的基本演奏技法

单吐是用舌尖顶住上牙的牙根，用气息轻轻地把舌尖冲开，待声音发出后舌尖有弹性地返回到原来的位置，这时舌尖就像一个通气阀门，如果我们让它发出声音就像发"嘟"音的感觉。在有连线的地方只有第一个音采用单吐的技法，后面的音不再做吐音，只接前面"嘟"音的尾音发出"呜"音，整个连线里面的音就像"嘟呜"的音。

竖笛一般有六孔和八孔之分，吹的时候按住的孔是不一样的，八孔吹时，大多部分音要按住，正确的演奏姿势是：身体保持正直，眼睛平视，肩部放松且自然下垂。笛口处放入口中不要太深，使笛口不要顶住牙齿为好。左手在上、右手在下，左手的拇指封堵竖笛的背孔——也称高音孔或零孔。竖笛的正面各音孔的名称从上至下分别为1、2、3、4、5、6、7孔。左手的二、三、四指封堵竖笛的1、2、3孔（注意左手的小指自然地停在竖笛的上方，不要置于竖笛的下侧以免影响左手二、三、四指的灵活性），右手的大拇指置于竖笛的下侧来稳固竖笛，其余的手指依次封堵竖笛剩下的几个音孔。在用手指封堵竖笛音孔时，应注意要用手指的指腹处封堵音孔，以便音孔关闭严密，左手的拇指要用靠近指尖部腹部封闭音孔，以利于高音孔的开闭。

2. 葫芦丝

葫芦丝是由葫芦笙演进改造而成的，由一个完整的葫芦，3根竹管和平枚金属簧片组成，常用于吹奏山歌等民间曲调，主要流行于傣、阿昌、佤、德昂和布朗等族聚居的云南德宏、临沧地区，富有浓郁的地方色彩。

（1）吹葫芦丝的呼吸方法

葫芦丝的呼吸方法一般可归纳为三种：胸式呼吸、腹式呼吸、胸腹式呼吸（混合式呼吸法）。目前被公认为最科学的方法是混合式呼吸法。所谓呼吸即包括"吸气"与"呼气"这两个方面。吸气时，身体各部位放松，口鼻同时吸气，注意不可提肩和带出任何声响。混合式呼吸是把气吸到小腹、胸腹之间以及胸腔。因此，吸气时，腹部不仅不能往里收缩，而且要微微向外隆起，腰部也随之向周围扩张。总之，吹奏中的呼气始终要在一定压力的推动下均匀地输送出来。气息要平稳，不可忽强忽弱。

（2）葫芦丝的演奏方法

葫芦丝的演奏方法一般有吐音、连音、滑音、震音、颤音、叠音、打音等，吹奏葫芦丝时，吹口朝上，含在嘴的一侧，箫身竖立，用左右手指按放音孔，右手在上，用拇指按背孔，食、中和无名指按正面上方3孔，左手按其余3孔，气流同时输入3个管口而发音。音量较小，主管的音色柔润而纤秀，在两根副管持续音的衬托下，给人以含蓄、朦胧的美感。因为它吹出的颤音有如抖动丝绸那样飘逸轻柔。

参加一次狂欢的游行活动

　　"人生事，不如意者十有八九"，当事情不按照自己的意愿发展而自己又无能为力时，可能产生压抑；学习和工作的压力过大，消极情绪的不及时排解也会产生压抑；对人言听计从，长而久之也会压抑。压抑不过是很正常的情绪，沉溺其中却可以让很多的美好失去。沉溺压抑，会让人失去光泽，会让人才华被埋没；沉溺压抑，会让人失去爱的能力，会在错过太阳后又错过星星和月亮，会使人无视果子的成熟只剩满目愁煞人的景象，忘记摘取。

　　成长，像蝉蜕一样一层层一片片地使人体无完肤，再疼也得忍着承受着。明明是艳阳高照，而你心里总是苍凉苍凉的，紧缩成一团。你可知道，生活还得继续，开心是一天，不开心也是一天，而人生又是那么短暂，转瞬即逝，为什么不让自己开开心心、痛痛快快地活着？电影《返老还童》关于时间的刻画一点也不耸人听闻，当你处于垂暮之年时，回首一生的磕磕绊绊，发现自己的日记里大片大片的灰色时，你是否会觉得遗憾？

　　打开你的心门吧，让压抑已久的情绪像那海，像那风，汹涌地释放。让发霉的心房晒晒太阳，让蜷缩的手脚舒展一下筋骨，抖落一身的不快，轻装前行。在你内心潜伏已久的激情需要一个出口，何不参加一次狂欢的游行活动，在人潮涌动的欢乐海洋中，尽情释放你对生命的热爱和对幸福的追求。看看那些载歌载舞的人们，他们穿着色彩无比艳丽的奇装华服，在节奏明快、感情热烈的音乐声中，尽情地扭动自己的肢体，纵情地歌唱，放肆地大笑，好像要让全世界都能感受到他们比阳光还要耀眼的激情。置身于他们的包围中，随着游行队伍走过大街小巷，你也会被他们的活力所感染，也会不知不觉地跟随起舞，痛快地笑，痛快地闹，痛快地告诉世界也告诉你自己，你也可以活得如此开心。这些狂欢的人们，会教会你什么才叫作真正地享受生活，什么才叫作不负此生。

纵情狂欢节

狂欢节起源于欧洲的中世纪时期，其前身可以一直追溯到古希腊酒神节、古罗马农神节等节日庆典。化装舞会、彩车大游行、宴会等是狂欢节的极具魅力的传统活动。节日的这几天，一般是在 2、3 月份，将是男女老少全城出动的狂欢之日。

1.巴西里约热内卢狂欢节：巴西最盛大的节日就是狂欢节了，而里约热内卢的狂欢节又因其参加人数之众多，奇装异服之绮丽，持续时间之长久，游行场面之宏伟而著称于世。里约热内卢狂欢节最初起源于 19 世纪中叶一些贵族举办的室内化装舞会，其规模非常小。1852 年，葡萄牙人阿泽维多带领着乐队，把狂欢节的音乐带到了街头巷尾。于是，每一个听到阿泽维多热情、欢快的音乐声的人都禁不住跟随音乐手舞足蹈起来。很快，这座城市沸腾了。从这一年开始，狂欢节正式成为了大众的节日。在里约热内卢狂欢节开始的那一天，该市市长会亲手把城门的钥匙交给"狂欢节国王"，这个行为标志着这一年的狂欢节正式开始了。这座城市就这样以无穷无尽的活力与激情点亮了每一个人的心。

2.意大利威尼斯狂欢节：一年一度的威尼斯狂欢节在每年的 2 月份左右举行，尽管还有着冬日的微寒，但是威尼斯的碧水蓝天以及狂欢节的热闹气氛已经足以让这里的人们感受到生活的激情和热度。威尼斯狂欢节起源于农神节，是现在世界上历史最悠久、规模最宏大的狂欢节之一。

在 18 世纪的时候，威尼斯还有着"狂欢节之城"的盛誉。在这里，令人印象最深刻的便是它的面具和极尽华丽的服饰。面具的历史可以追溯到 18 世纪之前，那时的人们不管贫穷或者富裕，也不管年轻还是老迈，都在狂欢节上佩戴各种各样的面具，于是人与人之间的各种差别，比如贫富悬殊、年龄差距、性别差异等似乎暂时被消除了，大家都融洽地在一起狂欢。威尼斯狂欢节的高潮将在著名的威尼斯圣·马可广场达至顶峰。这样的狂欢可以持续 10 多天，让人们的激情充分释放。

3. 英国诺丁山狂欢节：要论欧洲规模最宏大的街头文化艺术节，实在非诺丁山狂欢节莫属了。而且，除了巴西里约热内卢狂欢节，它的规模可以说是傲居世界之首。诺丁山位于伦敦西区，是一个多民族融合的区域。这里的黑人大多数不是来自非洲，而是来自加勒比海等拉美地区，所以这个狂欢节具有十分浓郁的加勒比海风情。在 20 世纪 60 年代，正是因为西印度群岛移民们的思乡情结才造就了最初的诺丁山狂欢节。它的奇装异服、卡利普索歌曲、索加音乐是诺丁山狂欢节不可或缺的灵魂。

看云卷云舒，感受变幻不定的美丽

还记得小时候看晚霞的傍晚吗，那个时候晚霞可不叫晚霞，这是一个太诗情画意的名字，小时候的心哪里能够懂得这四个字流露出来的婉约与魅力。于是很多小孩子都俏皮地叫它"火烧云"。此时的太阳已经褪去了正午的咄咄逼人，仿佛蒙上了一层面纱一般，以少女似的含情脉脉的眼光温柔地注视着夕阳下的每一个人，那令人惬意的暖意融融是对我们一天辛勤工作的抚慰。走在回家的路上，大家都会不自觉地抬头看天，看看天上光与云演绎的一个个传奇故事。小孩子最是欢呼雀跃，和身边的小伙伴指点着天上的朵朵云彩，就像小鸟一样叽叽喳喳闹个不停，那朵云像狗，那朵云像人，那朵云和那朵云在追逐嬉戏……孩子们充满奇思妙想的童心里，有着比任何世界名著都精彩绝伦的故事。

可是，随着时间的流逝，我们的童心童趣不断减少，来源于生存的压力越来越大。修筑得越来越高的不只是钢筋水泥构筑的高楼大厦，还有我们自己内心的冰冷城墙。就在这样的自我封闭中，我们的心开始一点一点麻木，一点一点失去往日的从容和安宁。下班后，当人们再一次行走在回家的路上时，其实更加渴望看到无边无际的蔚蓝天空。可是，偏偏抬头的人越来越少，因为在这逼仄的空间里，天空被切割成了补丁似的一块一块，连看看童年时代的火烧云，都变成了一种奢侈。其实，我们的心情不正像云一样吗，它飘忽不定，它无踪可循。可是二者又有着巨大的差异。云是淡定的，在狂风面前，它没有一丝一毫的躲避，反而让自己在风的塑造下变幻出各种不可思议的造型；而我们很多人身陷困境时，不是让自己在挫折的磨砺中越发成熟，而是不断地自我否定甚至失去了生活下去的动力。也许，现在的人们更加需要的不是一套房子、一本存折，房子安放不了一颗躁动不安的心，存折也存储不了我们的生命和幸福。我们需要的是一颗像云那般处变不惊的心。

不时地抬头看看天空，可以是在上班的车上，也可以是在回家的途中。或者，最好到郊外去走走，那里的空气有着更加清新的味道，天空也有着更加纯粹的蔚蓝，而云朵，则有着更加幻变的色彩与形态。你可以悠闲地漫步，走累了就随便找个草地坐下，继续欣赏天空那些美丽的云朵，静静地体会一次诗人王维"行到水穷处，坐看云起时"的逍遥和洒脱。云聚云散就如同人生的缘起缘灭，没有征兆也不可避免。该散的时候，云散了就散了，要么各自消失得无影无踪，要么又去和别的云组成各种各样不同的形状。我们何不像云那么洒脱？该失去的时候，说明缘分尽了；该离开的时候，说明时候到了；看不到前方的时候，说明该转弯了。既然拿得起，就让自己放得下吧。不要执着于名利虚荣的束缚，也不要迷恋着某些人某些事带给你的幸福，因为，越怕失去、越抓得紧，你的心就越用力。太过用力的结果是，你终于筋疲力尽，到头来还是不得不失去，甚至连自我恢复的能力也终将丧失。云卷云舒，时刻不停地变换着自己的美丽，而唯一不变的就是那颗从容淡定的心。我们需要的也正是这种宠辱不惊的气度。当我们终于有了云的那份胸怀时，也许就能够真正悟到"宠辱不惊，看庭前花开花落；去留无意，望天上云卷云舒"的美丽。

看那天边的火烧云，体会童心的纯真

火烧云

——萧红

晚饭过后，火烧云上来了，霞光照得小孩子的脸红红的。大白狗变成红的了，红公鸡变成金的了，黑母鸡变成紫檀色的了。喂猪的老头儿在墙根靠着，笑盈盈地看着他的两头小白猪变成小金猪了。他刚想说："你们也变了……"旁边走来个乘凉的人对他说："您老人家必要高寿，您老是金胡子了。"

天上的云从西边一直烧到东边，红彤彤的，好像是天空着了火。

这地方的火烧云变化极多。天空中一会儿红彤彤的，一会儿金灿灿的，一会儿半紫半黄，一会儿半灰半百合色。葡萄灰，梨黄，茄子紫，这些颜色天空都有，还有些说也说不出来、见也没见过的颜色。

一会儿，天空出现一匹马，马头向南，马尾向西。马是跪着的，像等人骑上它的背，它才站起来似的。过了两三秒钟，那匹马大起来了，马腿伸开了，脖子也长了，尾巴可不见了。看的人正在寻找马尾巴，那匹马变模糊了。

忽然又来了一条大狗。那条狗十分凶猛，它在前边跑着，后边似乎还跟着好几条小狗。跑着跑着，小狗不知跑到哪里去了，大狗也不见了。

接着又来了一头大狮子，跟庙门前的石头狮子一模一样，也那么大，也那样蹲着，很威武很镇静地蹲着。可是一转眼就变了。再也找不着了。

一时恍恍惚惚的，天空里又像这个，又像那个，其实什么也不像，什么也看不清了。必须低下头，揉一揉眼睛，沉静一会儿再看。可是天空偏偏不等待那些爱好它的孩子。一会儿工夫，火烧云下去了。

玩极限运动，挑战自己的体能

蹦极、攀岩、高山滑翔、高空跳伞、激流皮划艇、滑板的 U 台跳跃赛……说到这些极限运动的时候，我们大多数人都会瞪大了双眼，显出既恐惧又好奇又佩服的神情。我们总是能够从那些极限运动的爱好者身上，看到无限的勇气和激情，感受到生命的活力与张扬。虽然极限运动是对人的体能的极大挑战，但它在挑战人们体能的同时，也考验着我们的心智，看看我们在面对困难危机的时候，是否足够果敢，是否有足够的勇气、决断、冒险精神以及理智来应对自如。

一个人最大的敌人其实就是他自己，最大的恐惧源于自身的胆怯，而成功最大的障碍也是源于自己的优柔寡断、不敢挑战。不少人在面对挫折困难时，总是由于胆怯和惰性而轻易地对自己说，这已经到达了自己的极限，所以不得不放弃了。其实，没有经过长时间坚持不懈的努力，我们是不应该轻易放弃自己的，毕竟成功来之不易，自然要用极大的努力和坚持去换取。成功的过程需要我们有足够的勇气，果敢地去尝试，去冒险，去挑战自己的极限。

果敢，对一个人来说是非常重要的品质。一个果敢的人，必是一个对自己充满信心、敢于挑战自己的勇者。很多时候，我们都不够果敢，过分拘泥于细节与后果，总是犹犹豫豫，于是终于失去了成功的机会。"果敢"一词最早出现在《汉书·翟方进传》里，说翟方进"勇猛果敢，处事不疑"。他为了夺占汝南良田，竟然下令放掉鸿隙大陂之水，省堤防之费而又无水患，一举而三得。这种包含着大智慧的做法，竟由"果敢"一词而诠释了出来。

诚然，胆大心细不完全等于果敢，但它是果敢的人必备的品质。毋庸太多词句的纠缠，也不必太多无谓的诠释，当命运华丽的面纱在眼前频频舞动时，当身险困境而玄机重重时，当"雾失楼台，月迷津渡"时，果断和勇敢就是那揭开面纱的素手，是打开玄机找到出路的那把钥匙。

生活中总有那么一抹无法穿越的迷失，总有人不知道"在下一个路口，向左还是向右"？纷乱的生活给了我们太多的选择机会，太多的选择意味着太大的自由，自由得人们开始感到无所事事。但是也总有那么一些人，他们遇事处变不惊，当机立断，在紧要的关头抓住了机遇，取得了成功。

看过了世事浮沉，观遍了人生沧桑，你会发现，若想挑战坎坷的人生，让青春无比的闪亮，离开了果敢，一切都将无法实现，这是果敢的人才能攀到的高峰。果敢就是这样一种素质，它在运动员的眉宇间淡定，它在鲜花和掌声的舞台上沉着，它是一种风景，一种伴随着上帝恩赐的风景。成功时可见果敢的影子，失败时它又是你重新启程时掌握方向的舵。

当你站在蹦极台上时，请你果敢地往下跳；当你攀爬在陡峭的山岩上时，请你果敢地踩在每一个支点上；当你玩高空跳伞时，请你果敢地体验一次飞翔的快感。每一次的挑战，释放的除了对生命的激情以外，还有对梦想的热爱。兰斯顿·休斯说："要及时把握梦想，因为梦想一死，生命就如一只羽翼受创的小鸟，无法飞翔。"所以，请你果断地张开翅膀，去尝试一下极限运动。

从事极限运动的人无一不是果敢的，这份果敢源于他们每一个人都具有非常强烈的冒险精神。生命中处处都充满了未知，也就处处都是冒险。英国剧作家萧伯纳说："对于害怕危险的人，这个世界总是危险的。"如果你总是裹足不前，总是害怕行动有所失败，如果你面对险峰退缩，如果你永远相信"山那边仍然是山"，那么山顶最美丽的风景将与你无缘，你也永远走不出自己心里的那座大山。困住人双脚的不一定是距离，也可能是心。这个世界有太多的惊喜，造化有太多的崎岖，最美的风景永远在最远最险的地方，一个懦弱的人是难以体会到生命的美好的，因为"懦夫在未死之前，已经身历多次死亡的恐怖和痛苦"。我们每一个人都应该是自己生命中的冒险王。

，去玩一玩极限运动吧，它既能够给我们带来运动的乐趣，又能够帮助我们释放压力放松心情，在不断挑战自己体能的同时，激发我们对成功的自信和勇气。

不可错过的极限运动

1. 攀岩：关于攀岩还有一个美丽的爱情传说。传说，在阿尔卑斯山区的悬崖峭壁上，生长着一种珍贵的高山玫瑰。只要获得了这种玫瑰，就能拥有最完满的爱情。于是，无数勇敢的小伙子们为了获得心爱之人的芳心，都争相勇敢地去攀岩摘取这朵玫瑰。攀岩的主要装备：安全带、下降器、安全铁锁和绳套、安全头盔、攀岩鞋、镁粉和粉袋、绳子、岩石锥、岩石锤、岩石楔等。这项运动对攀岩者的耐力、柔韧性、平衡能力和体力都有较高的要求，所以，不妨先选择难度较小的路线开始，由一名经验丰富的同伴陪同保护，处理好身体与保护绳的关系。享受运动乐趣的同时，不要忘了安全第一。

2. 激流皮划艇：这项运动是桨手们乘坐在一架特制的小艇上，在水流湍急之中共同体验乘风破浪的快感。它最基本的装备是划艇和划艇桨。对划艇的宽窄、长短、最低重量都有严格的规定。划艇桨是一头有桨叶的铲状桨，一般的材质是木材或玻璃钢，近年来又发展为碳素纤维了。

3. 高空跳伞：1979 年 10 月 22 日，法国人加勒林在巴黎 100 米左右的上空从热气球上跳下来，成为世界上第一个跳伞成功的人。高空跳伞的魅力在于跳伞者既可以从飞行中的各种飞行器上跳下来，也可以选择陡峭的山顶或者高地，自由控制开伞时间，把刺激值提升到最高点。

去一次美术馆，在最喜欢的作品前驻足一会儿

美术，不像音乐、喜剧、舞蹈那样是用声音和形体来给我们传达信息，它看似无声，却已有声，令我们震撼。

去美术馆看看那些美术作品，不知道自己会被哪一个作品折服，也不知道自己会有多少感触和收获，那就赶紧去仔细地转一转，安安静静地体味作品本身给你带来的冲击和感动吧。

很多人，对欣赏艺术存在着或多或少的误解，认为那些高雅的艺术不是一般人能够看懂的，所以，在他们忙于日常工作时就会忘记还有艺术的存在。其实，艺术的高雅与大众只是人为地为它画的界限，真正伟大的艺术是不拒绝任何人靠近的。在我们的灵魂深处有着共同的东西，这些让我们相处于这个世界的东西，在凡世是无法真正被感知的，只有在艺术里，无论时空相隔多久多远，我们每个人都可以在灵魂的深处进行人类的终极拥抱。

所以，无论多忙，都要抽点时间去感受一下艺术。去美术馆更能安静地在艺术的世界里徜徉，享受着人类最伟大的成果。在最喜欢的作品前驻足一会，用眼用心去品味一下大师的经历，也许，就在心灵颤抖的瞬间，我们明白了生的意义和死的价值，也许，从此以后我们不再随波逐流地生活，会在自己的位置上扎根。

去一次美术馆，在那些不可言说的色彩和线条中找到最真实的自己，就像审视我们该如何让自己过上洒脱的人生一样，至少我们要知道自己还

是在用心地行走于人世间的。

被一幅美术作品吸引时，不妨在它面前多驻足一下，想想自己为什么被吸引住了，你向往那里面的什么？

两位美术大师的主要作品介绍

1. 凡·高

荷兰人，后期印象画派代表人物，是19世纪人类最杰出的艺术家之一。《向日葵》这幅油画高99厘米，宽76厘米，作于1888～1889年间，是凡·高以向日葵为题材的13幅作品中最大的一幅。评论界认为，就是这一幅《向日葵》确定了凡·高在世界画坛上的地位。

向日葵是凡·高的崇拜物，在他的眼里，向日葵就是太阳，是光和热的象征，是他内心翻腾的感情烈火的写照，也是他整个人类苦难生活的缩影。凡·高在给他弟弟的信中说："我想画上半打的向日葵来装饰我的画室，让纯净的或调和的铬黄，在各种不同的背景上，在各种程度的蓝色底子上，从最浓的委罗奈斯的蓝色到最高级的蓝色，闪闪发光；我要让这些画配上最精致的涂成橙黄色的画框。就像哥特式教堂里的彩绘玻璃一样。"

《向日葵》是凡·高在法国南部画的同一题材的系列作品，我们可以感觉到他画《向日葵》时，精神异常激动。花蕊画得火红火红，就像炽热的火炬指向未来；黄色的花瓣就像太阳放射出耀眼的光芒一般，厚重的笔触使画面带有雕塑感，耀眼的黄颜色充斥整个画面，引起人们精神上的极大振奋，好像要用欢快的格调来慰藉人世的苦难，以表达他强烈的救世理想。一位英国评论家说："凡·高用全部精力追求了一件世界上最简单、最普通的东西，这就是太阳。"《向日葵》创下油画拍卖的最高纪录，被日本收藏家所收藏。

2. 爱德华·蒙克

挪威表现主义画家和版画复制匠。他对心里苦闷的强烈的、呼唤式的处理手法对 20 世纪初德国表现主义的成长起了主要的影响。《呐喊》也译作《尖叫》，作于 1893 年，是蒙克最著名的代表作，被认为是存在主义中表现人类苦闷的偶像作品。像蒙克的许多其他作品一样，他一共画了 4 个不同版本的《呐喊》。蒙克在世纪之交时期创作了交响乐式的"生命的饰带"系列，《呐喊》就属于这个系列。

蒙克自己曾叙述了这幅画的灵感由来："一天晚上我沿着小路漫步——路的一边是城市，另一边在我的下方是峡湾。我又累又病，停步朝峡湾那一边眺望——太阳正落山——云被染得红红的，像血一样。我感到一声刺耳的尖叫穿过天地间；我仿佛可以听到这一尖叫的声音。我画下了这幅画——画了那些像真的血一样的云——那些色彩在尖叫——这就是'生命组画'中的这幅《呐喊》。"

整幅画蓝色的水、棕色的地、绿色的树以及红色的天，都被夸张得富于表现变形，蓝色调泼墨似的呈现。画中面对着我们的人双手捂着耳朵，几乎听不见背后两个远去的行人的脚步声，也看不见远方的两只小船和教堂的尖塔；他一个人独处，在对着找不到边际的地方呼喊，那紧紧缠绕他的整个孤独在尖叫，声音震耳欲聋。这是一位完全与现实隔离了的孤独者，似已被他自己内心深处极度的恐惧彻底征服，但又没有麻木于孤独，而是在内心做着极度的挣扎。这一形象被蒙克的画笔高度地夸张了，那变形和扭曲的尖叫的面孔，完全是漫画式的，但这样的夸张又让人感到真实，人类的孤独也许和尖叫着的孤独不相上下。那圆睁的双眼和凹陷的脸颊，让人想到了与死亡相联系的骷髅，说白了这就是一个尖叫的鬼魂，是每个孤独者魂魄的画像。

很多人看到蒙克的《呐喊》时，把它当成凡·高的作品，感觉这两位艺术大师的作品都有着强烈的艺术情感，他们在西方艺术史上享有极高的盛誉，被人们称之为西方现代艺术及表现主义的代表。其实，精神病人和艺术家的精神特质有着相似之处，所以，蒙克在该画的草图上曾这样写道："只能是疯子画的。"

带着帐篷去海边，倾听着海涛之声入眠

大海，是一个充满神秘和诱惑的地方，在海边，人的心门被海浪打开，心胸就会变得特别的开阔，怪不得，汪国真深情地说："瞧，人类有多贪心，来一趟海边却想捎走一个大海，可谁不是期望自己的视野里，总是满目葱茏一脉青黛。"飞翔的海子也把尘世的幸福送给每一个人，自己却愿意"面朝大海，春暖花开"。

然而，如此的诗意在今天快节奏的生活里显得非常的奢侈，即使我们有着看海的心情，却总是在不停地寻找看海的时间，以至于一拖再拖。但是，倘若我们人类不能诗意地栖居在这个温暖的大地上，也就没有存活的意义，何不在百忙中找一个晚上，带着帐篷去海边，倾听着海涛之声入眠？这样既不用担心花费太多的时间，也可以拥有悠闲的心情去听海。

当我们的身体贴着大地，当我们的耳朵听着海涛之声时，你就能感觉到一种抽离，是自身从烦躁杂乱的琐事里抽离了出来，此时，工作和生活里的一切不愉快都会变成不值得计较的事。耳边的风声和海浪声温柔地漫过我们的心坎，冲刷着我们的心灵，把一切尘世的粉尘都带走，还原我们的本真。

其实，我们的一生没有必要苦苦地往拥挤的闹市里迈进，然后再被推搡着迷失了方向。之所以有那么多人叫苦喊冤，是因为世俗的利益使他们忘却了自己一直追求的内心安宁。等到老去的那一天，才发现，自己一生的追求不过是当初时的起点。

不要等到恍然大悟时才知道自己最想要的是什么，找个时间带着帐篷去海边，倾听着海涛之声入眠，进行一次关于人生哲理的思考，让海涛之声荡涤浮躁的心，追到最真的梦。

海边露营注意事项

1. 背包：建议分大（中）、小型各一，大（中）装露营用品，装带足够的干粮、水和其他用品。

2. 帐篷：

①避开涨潮位置：到达营地前先观察或询问当地人海水涨潮时将达到的位置，避免将帐篷支搭在潮水可能触及的地方。在太阳下山的时候搭设帐篷，可避免晒蒸笼的感觉。

②平整和清理沙地：用沙子将地势低处简单铺平，尽可能使沙地保持水平，清除贝壳、石头、人造物品的碎片，以免刺破帐篷或睡得不舒适。

③支搭帐篷：帐篷内无重物压着的就在帐底的四角用 4 根地钉固定好，并且保证帐底要抻平。不要在斜坡上扎营，帐篷门要面向背风的一面。

④尽量靠近人群：虽然人多的地方比较吵闹，但是也要尽量避免独处，要尽可能离人群居住地近些，避免意外情况发生时无人救助。

⑤其他注意事项：首先，帐内禁止吸烟、禁止明火，照明用电的营灯、手电或者头灯；其次，进入帐篷时一定要注意清理腿脚上的沙子；最后，各人物品例如鞋子、游泳用品等睡觉时都要放入帐篷内，以免被清晨海边的拾荒者拿走。

3. 防潮垫：防潮垫主要就是防潮的，不能因为觉得沙滩足够柔软而不用防潮垫，即使天气热，沙子里的湿气凉凉舒服，但是它对身体没什么好处，特别是有关节炎症的人更应注意防潮。

4. 营灯：没有就准备手电或头灯（备用电池和灯泡按需携带），以防急用时没有。

5. 水：出去游玩，水是必备的物品之一，因为运动会出很多汗，如果不及时补充水分就很难坚持下来。一般每个人一天要配备 1.5 升以上的水。

6. 备份食品：此类食品应该无须炊事、便于携带、高能量、易消化的一类食品，以免遇下雨天气无法烧烤而饥饿难耐。

7. 塑料胶袋要带够：装垃圾以及更换出来的衣服，注意环保，给他人和自己一个干净的环境。

8. 睡袋：天气有所转凉，没有就带条大毛巾，以防受凉。

9. 实用的刀具：可选择工具型的瑞士军刀或水果刀类，最好不要携带攻击型的管制刀具。不要在公众场合玩弄刀具，以免伤人伤己。

10. 个人必备物品：如湿纸巾、纸、笔、防蚊水和个人药品（如晕车、晕船药，另外可带十滴水、肠胃药、感冒药、风油精、创可贴等药品）等其他个人用品，要带足带全，做好保障工作，以备急用。

去一个遥远但一直向往的地方，出发前搜集好资料

曾文轩先生曾如是云："每个人都有抑制不住的离家的欲望。"可谓一语道出人们内心的远行之本性。即使是安于现状拒绝变化的人，在其一生之中也定会被某地的风景所吸引，可能好奇于它的神秘，也或许是因为某个人，某件事。念得久了，这地就成为"圣地"般的存在。

但若细想，假使一生向往的地方一辈子都没机会实现，是不是这念想也倒成了无意义的幻想了？一开始你抱着最初的渴望开始热爱一个地方，心心念念想着当自己有机会实现这么一次旅行时要看些什么记些什么。慢慢地你开始奔波，变得忙碌，你只能偶尔想想这目的地，每一次都无奈笑笑，对自己保证说，等有了机会，一定要去那里走一遭。直到你老了，没有精力去旅行了，你回顾自己一生的向往，才发觉这地方都已然成为你心头不可取代的净土，可惜一生都再无机会亲历此行了。此等悲凉，大概是一生的遗憾了。

当然，搁置旅行的原因，可能限于时间，也可能惧于距离，烦于收拾行囊，准备改变。大多数情况下，在一个地方待得久了，若是要更换环境，有两种可能，一为兴奋，二为不安。但若克服不了不安的畏惧情绪，何来的兴奋可言呢？我们总把生活中的学习、工作当作重心中的重心，除此之外一切都要先对它们服从，但是换个角度想想，除去为了未来作储备的学习、工作之外，一个遥远又向往的梦想难道就不是生命中的一个重要课题么？

人就是忙着给自己找了太多借口，把重心过分放到理性的拼搏里，才会失去了实现梦想的机会。

当一个向往的地方已在你心头久久搁置，就打点好行囊，在日历上画一个圈，准备出发吧。犹豫不是好习惯，随时出发才能够畅快淋漓。

出发之前，去一次图书馆，找到有关的资料介绍，复印几份地图，做好标记，在行囊里放一本旅行日记本，然后上网预订好机票、住宿，列一张行程表。将一切打点完毕，就可安然起程了。

可能你想要去的是古城，青山绿水，悠长静谧，记得带好相机调好色调，带上 Mp3，在里放些古曲，和着那景，必是意味深长；或许你想要去的是遥远的国度，异域风情，别样情趣，记得装好必备的用品，路途遥远，自己将自己好生照料；也或者你的目的地是唯美的海岛，蓝天白云，宽广包容，给自己带上沙滩席，晒晒暖阳，心情晴朗便是最好。

不论小桥流水，还是喧闹都市，只要是向往之地，总要给自己实现梦想的机会。否则这一生，岂不是太过平庸？走过了，不论满足或是失望，都是梦想实现的旅途。

自助游准备

1. 收集资料。由于目的地完全陌生，在出发之前，首先要查阅所去之处的文献资料，尤其若是异国之旅，文化的冲突是必须要注意避免的问题。查阅同时，摘抄需要记住的须知点，在旅途中时刻注意提醒自己。除此之外，根据个人的旅行目的和爱好，可以查找相关的游览推荐，直奔主题。比如你憧憬的是那里的文化，那么查阅一下文化古建筑，在旅途过程中就不至于"现场搜罗"，大海捞针了。

2. 研究路线。一次旅行绝不能少了地图，最好是备有铁路、公路路线图。然后根据收集的资料确定想去的地方，在地图上确定方位，做上标记。然后，根据地图上标注的餐饮、住宿的地点标识，大致找到住宿的理想区域，并将多天的行程大致作一个规划，在最短时间内，有效率地游到所有想去的地方。另外在路线的规划中还要注意大致计算路上和停留的时间，以便于充分利用时间，不耽搁行程。

3. 住宿、交通的预订。确定路线时基本确定了住宿区域，就可以开始在此区域内选择合适的旅店了。住宿方面还是大多看个人需求，比如通常青年学生较普遍的选择是青年旅舍。这类旅店条件简单，主要为还没有经济来源的学生服务，设施条件相对不算特别好，但是基本可以满足日常生活的需求。选择的标准还是看路线的安排，方便最好。

交通则并无限制，飞机、轮渡、火车、大巴都可，只是考虑到时间问题。不要临时买票不合时宜就可以了。

需要的话，门票也可提前预订好。

4. 行李的准备。自助游行李讲究精简，避免拖泥带水。如果可以的话，只带一个背包最好。要知道在旅行途中，随时要停下来买票、拍照、等车、登记住宿，如果非得带上手拎的旅行包，停下的时候必须要放下，很容易造成丢失。当然，若是出国旅行就另当别论了。背包则越轻便实用越好，最好选择防水性较好的，免去可能发生的不必要的麻烦。衣物则尽量少带一些，"轻装"上阵最好，并尽量带易洗、易干的衣服。鞋一定要以舒适为主，尽量穿登山鞋、跑鞋。除此之外，一些必备品的携带也必须注意，尤其是药物，在旅行时各种身体状况都可能会出现，带好平时常服的药物以备不时之需。贵重物品必须随身携带。

感受一天"节奏感"

一种生活过得久了，难免有些麻木，失去了当初的激情和活力。然而成功的前提是专注于一件事，当满怀激情地做一件事，你会找到一种久违的感觉。

今天是否有计划做一件事，或者只是每天如一日地例行公事，这都没有关系，只是要改变一下做事的状态，如果平时由于厌烦显得有些萎靡不振，那么今天尤其需要改变。

早上起床，洗把脸，轻轻拍打一下脸颊，吐口气，然后来一个深呼吸，有没有感到一下子神清气爽了？不管怎样，给自己一点心理暗示，对自己说，今天精神百倍，有使不完的劲。接下来，集中全部的注意力到一件事上，如果是工作上的事，就当作自己是第一天上班，发挥初生牛犊似的热情，并怀着强烈想要干出成绩的愿望，直到把这件任务圆满完成。或者你做的只是一些家务活，比如拖地、做饭、洗衣等，都可以充满激情，事不在大小轻重，在于我们的精神状态。干家务活的时候，你可以轻声哼首曲子，伴着你干活的节奏，在激情四溢的同时，一种愉悦灌满整个心间。

满怀激情地做一件事，还在于坚持，千万不可三分钟热情，做了一半，精神一下子松懈下来，然后又恢复从前的样子，甚至停下手中的活，迷茫地发呆，仿佛做了一件多么自欺欺人的事。做这件事的时候，要不停地鼓励自己，告诉自己坚持到底，看看最后以不同以往的精神状态完成的工作成果与平时有什么差异，是不是完成得更加干净利落。不管结果如何，起码有一点得肯定，就是你的精神是饱满的，心情是愉悦的，保持着这种节奏，随时平衡自己的身心，这点难道不比什么都重要吗？

节奏生活序曲

享受一次全身按摩

开始一天的节奏生活，累了一整天的你，整个身体都变得沉沉的，很想让全身解放一下吧。听说全身按摩很舒服，就是觉得太奢侈，好像是有钱人才能享受的"贵族待遇"，所以，可怜的上班族们，总是望而却步，累了倒在床上蒙着头睡个大觉就觉得是幸福中的幸福了。

别总是虐待自己的身体，偶尔去享受一把也不为过。让劳累的身体享受享受这优厚的待遇，就当是这么长久以来辛勤工作的一种犒劳吧。

闭上眼睛，什么都不用想，不但让身体得到放松，让大脑也暂时小憩一下，让整个身心都舒坦下来，按摩师会让你进入另外一个世界，感觉就像在云中漂浮，身体一下子变轻了，这才知道什么叫作享受。

不用考虑太多了，去吧，对自己好一点，享受也是为了明天能以更加充沛的精力工作。当你精神饱满、满心愉悦地迎接新的一天的工作和生活时，你才明白生活真的是需要不停地调剂的，劳逸结合才是真正会工作的人。

生活是种磨难，因为我们在不停地奋斗，克服重重困难，不容半点松懈。生活的节奏和味道需要我们自己去调剂，享受生活才是人生的最高境界。

节奏生活"插曲"

时刻提醒自己——做事前忘记自己的优势

我们需要过有节奏的生活，时不时地提醒自己要忘记自身的优点优势，就像给我们的节奏生活插播一支公益广告一般。不是不允许你自信，而是许多时候，我们不是跌倒在自己的缺陷上，反而跌倒在自己的优势上，因为缺陷常能给我们以提醒，而优势却常常让我们忘乎所以。

优势常常让我们恃才傲物，忘乎所以，正如"龟兔赛跑"的结局，强者反而输给了弱者。试问一下自己，学习中、工作中、生活中有没有在为自己的优点而沾沾自喜，洋洋得意，面对看似弱小的竞争对手，我们做好准备了吗？

哪一件事是你自认为很容易办到的，可能平时你都没有用心去做过，今天就以一种平静的心态重新审视一下这件事，然后像对待其他有挑战性的事情一样用心去做，并且坚持到底。

记住，在做这件事的时候，注意观察外在的环境，你的竞争对手是否变得强大了？这件事本身是不是随着时间的推移发生变化了？你还能继续采用老办法去应付它吗？你的优势是否真的还存在？你要怎样做才能继续保留你对这件事的优势？认真考虑这些因素，深思熟虑之后再行动。

万事万物都是变化的，都是发生转变的，不要躺在自己的优势和成绩上睡大觉，做美梦。真正的强者，应该懂得放弃自己的优势，把自己放在零的起跑线上，认真面对人生的每一次机遇与挑战。

享受节奏生活

坚持"日行一善"

你不可能从根本上改变世界，但勿以善小而不为，你能通过自己的点滴努力，使这个世界变得更美好。只需做一件不经意的小善事，你就会发现，你的世界变得更友善了。

人们有时候关心一些遥不可及的事情，比顺手做一件小善事的热情要高得多，最终可能只会落得一事无成，空悲叹！

生活中有很多我们力所能及的事，无须耗费我们太多的精力和能力，只需我们有一双灵动的眼睛和善意的心，不论善意是一句同情的问候，还是重大的表示，发自内心的善行能够增进你的健康与快乐。经常保持这样的善举，其能量是惊人的。

比如带迷路的小孩找到回家的路，比如帮正忙得焦头烂额的同事或其他什么人做点你能做的工作，比如给路边行乞的可怜人一点微薄的施舍等，这些小小的行为其实都是善举，而又不需要花费太多的体力和脑力，真的都只是一些力所能及的小事。

做一件不经意的小善事，不仅给别人带来了温暖，也给我们自己带来了无穷的快乐。理查德·卡尔斯说，"当你为别人做好事时，你会有一种身心宁静平和的感觉"，尽管那些全是小事情，但"善良的爱心行为会释放类似内啡肽的情感激素，之后，感觉良好的化学成分会进入你的下意识中"。

参加一次有主题的聚会

人生聚散终有时，在通信还不发达的古代，我们与他人分别后，只能静待他的消息，有时一别就是几年。因此长别之后的相聚呢，就显得格外激动。所以更多的时候，聚和散都带上宿命的味道。而今，在通信如此发达的现代社会，聚散已经具有新的含义，我们可以和不同类型的人，甚至是陌生人相聚一堂，因为信息网络的发达，把我们凑在一起，让我们相识。

所以，聚会已经成了人们交际的主要方式之一，原本不相识的人，因一次聚会成了朋友，有时甚至还会成就一段美好的姻缘。

很多人把聚会看成了吃喝玩乐结交关系的工具，当然这不是没有一定道理的。聚会的形式与主题有时的确让我们觉得像是在吃一顿快餐，方便，快捷又简单。但除了一些目的性的聚会，我们可以参加一次有主题的聚会，让自己能在聚会中真正学会些东西，提升自己。

参加一次有主题的聚会，不是为了摆脱寂寞找个伴，更不是简单地去凑热闹，主题的确定要求每个人都为聚会做相应的准备工作，这是能在聚会中有所收获的必要条件，做准备工作会发现新的问题，这样，带着新的疑问去参加聚会，就会有较强的针对性，忘记平时生活工作中的琐碎，彻底地投入和参与这一次有主题的聚会，你会认识和你一样有备而来的人，你们一起探讨问题，互相学习，这也算是轻松地为自己充一次电。

当然主题聚会也分很多种，无论你参加哪一种都会有相应的收获，会让你在不同领域里打开新的天窗。相信在未知的领域里你能走多远，绝不是个定数，人的潜能会在关键的时候让你峰回路转，曲径通幽处自有你的一片天地。

如果工作疲惫时，就当是单纯地放松一下，让我们的脑袋小憩一会，就算没有主题的随心所欲，略带着小疯狂的聚会至少也能让你放松下来。

几种主题聚会

1.摄影知识聚会：摄影是现在非常流行的艺术，是居家和出去旅游都不可缺少的一门技术。参加这样的聚会，学习基本的摄影技巧，懂得如何运用光线、色调和拍摄角度，运用好镜头，把图片构建到恰到好处，把人生美好的瞬间留住。

2.睡衣聚会：了解睡衣的各种款式、面料，做睡衣生意的人还可以了解到不同的人选择睡衣时的不同心理，例如：就睡衣的衣领来说一般分为套头式、敞怀式、吊带裙式等。每个年龄阶段的人对衣领的选择不同，每年所流行的款式也不同，了解各种款式及当下流行的款式对打开销路很有好处。此外，现在人们对睡衣的面料要求很高，了解喜欢睡衣的不同人群对面料的要求，也是非常重要的，可以为自己的事业打开新的渠道。一般的人，可以了解选什么样的面料做睡衣对皮肤有好处，适合自己的款型及每种款型的价位，等等，增长见识。可以说，睡衣也成了一种文化，睡衣消费也是消费睡衣文化。

3.养生聚会：随着生活条件越来越好，更多的人注意养生，参加养生方面的聚会，有助于了解养生的知识，对于自己和家人都非常好。给关心自己的人一些养生的好方法，也是人生的一大幸福。关于养生，可以分季节来对待，例如：夏季是养心的季节。炎热的夏季，更宜调息静心。听轻音乐是一个比较好的方法，节奏舒缓的轻音乐，使人心感到放松，让心脏得到休息。

此外，夏季饮食应清淡，宜吃冬瓜、萝卜、黄瓜、黑木耳、苦瓜、淡水鱼、养生茶及有利于养胃的食物，多吃瓜果、多喝凉茶是去火的好办法。

4.礼仪知识聚会：学习礼仪知识对一个人的一生都很重要，现在，礼仪已深入到人们生活的方方面面。对女性来说美发知识非常重要。

美发，一般是指对人们的头发所进行的护理和修饰。一般情况下，人们初次见面时观察一个人往往是"从头开始"的。漂亮时尚的发型经常会给人留下十分深刻的印象，让人很容易记住。护法礼仪的基本要求是：必须经常地保持健康、秀美、干净、清爽、整齐的状态。要真正达到以上要求，就必须在头发的洗涤、梳理、养护等几个方面做好工作。

此外，经过修饰之后的头发，必须以庄重、简约、典雅、大方为其主导风格。不管为自己选定了何种发型，都要和所在的场合相匹配。女士在有必要使用发卡、发绳、发带或发箍时，也应使之典雅大方。时尚的人要经常变换发型，定期修剪，与自己的品味相符合最好。

好好设计一下你的办公桌

我们每个人都是一个独立的个体，都有着自己与众不同的地方。不仅外貌着装能够显示出我们的性格和魅力，办公桌也能反映出我们对待工作的态度和为人处世是否得体。试想一下，当你的同事或者老板来到你的办公桌前，除了觉得这张桌子干净整洁以外，要是还能发现一些只属于你的特点和创意在那里闪光的话，一定会对你印象深刻，或许你就给他人造成了一个很好的印象也说不定，那么在今后的工作中你便获得了更多的机会。正所谓，细节决定成败。另外，工作得久了，我们难免会觉得疲劳烦躁，既影响心情又降低了工作效率。这时，如果面对的是一张经过自己精心设计的办公桌，那上面放置的物品都是自己喜欢的东西，空间的安排也都经过了自己的细心部署，那么当看到自己的劳动成果时，我们一定会倍感亲切和开心，坏情绪也就随之一扫而光了。

那么要如何设计自己的办公桌呢？其实，不需要有多么了不起的创意，毕竟我们不是要和专业的设计大师媲美。我们的设计在很大程度上只是为了一己的乐趣而已，既是乐趣，那就怎么能让自己开心怎么做。

首先我们最好先把办公桌清理一下，把那些不再能够派上用场的东西处理掉，再对不同的文件和杂物进行整理归类，放在各自固定的位置。这样我们的桌子就会显得既整洁又有条理。以后再要找什么东西就不用像以前那样，花去大量时间，把桌子翻得乱七八糟之后，仍然一无所获。以前那样的情况要是碰巧还被老板看到，试想一下，他应该就不会放心大

胆地把工作任务交给一个如此丢三落四、连自己的办公桌都整理不好的属
下。可是现在，你的办公桌被你收拾得井井有条，他一定会对你刮目相
看，甚至充满了信任感。初步整理完了以后，我们就可以在办公桌其他空
余的地方，进一步自由设计，大显身手了。你可以把自己喜欢的卡通小玩
具放在办公桌上，可以是名侦探柯南，也可以是哆啦A梦。不要觉得这
很幼稚，当你心情抑郁时，看到这些小玩具，再想起孩提时代无忧无虑的
点点滴滴，也许心情就会在这些开心记忆的安抚下得到舒缓和安宁。整天
对着电脑，那么强的辐射对我们的身体很不好，所以你的电脑旁边最好放
一株能够防辐射的绿色植物。同时，绿色是生命的颜色，代表着勃勃生
机。工作之余，偶尔偏过头去看看它，既可以放松眼睛又可以感受到活力
和激情。有了好的心情才能更好地工作。种了植物，还可以养只小宠物在
办公室里，一动一静，张弛有度。慵慵懒懒的小乌龟或者是五颜六色的小
金鱼儿，看着心里就喜欢吧。你还可以把自己喜欢的照片贴在办公桌的某
个地方，或许是某个人的笑脸，或许是某个地方的美景，也有可能就是你
自己。不管照片的内容是什么，只要你看到它时能够感到愉悦，就达到了
目的。或者你也可以写一两句名人名言或者就是自己的话贴在桌上，每一
天坐在桌前于心里默读几遍，不断给自己积极的心理暗示，可以让今天的
工作进展得更顺利。

我们的创意会有很多，全是出自自己的兴趣。把自己对于工作的激
情，对于梦想的憧憬，反映在办公桌的设计上，每天让自己有一个好心
情。开开心心地上班，认认真真地工作，距离你的成功也就不远了，记住
这句话：细节决定成败。

DIY 你的办公桌

　　1.防辐射植物：仙人掌、仙人球、宝石花、景天、量天尺、石
莲等。

2. 其他可以放置在办公桌上的植物：① 黄金葛：可以吸收一氧化碳、尼古丁、甲醛等。② 吊兰：可以吸收甲烷、甲醛、苯类、一氧化碳、二氧化碳、二氧化硫、氮氧化物等多种有害气体。③ 除尘植物：兰花、腊梅、桂花、花叶芋等。④ 其他具有净化空气作用的植物：龙舌兰、凤梨、丁香、玉兰、鸭跖草、桂花、芦荟、金绿萝、紫花景天、石榴花、白芷花等。

3. 适合在办公室里养的宠物：孔雀鱼、斗鱼、灯鱼、糖果鱼、小乌龟等。

4. 摆上一个有创意的日历牌，可以在上面画出自己的心情，写下今天的日程安排，或者贴上今天你想见的某个人的大头贴。时刻提醒自己要记住日期，珍惜时间，同时不要忘了享受生活。

5. 放一个独特的手机座，可以是自己喜欢的卡通人物的形状，也可以是各种虽然有点囧但非常有创意的造型。当手机响了时，就不会再着急地到处找了。

6. 可以用一个小抽屉专门来放护手霜、保湿喷雾、唇膏、维生素等物品，工作之余，不要忘了好好爱护自己。

有很多实用又独具创意的设计，可以为你的办公桌增色不少。

理智地跳一次槽

在职场形形色色的各种人中，我们通常会看到这两种人。一种人是安于现状，害怕改变，极度依赖业已熟悉的工作环境和人事关系，要是有可能，他们宁愿在同一个工作岗位上死心塌地地待上一辈子。另外一种人是比较难以稳定下来，总是觉得现在的这份工作再一次不能满足自己发展的需要了，而另外的那份工作要比自己目前的工作更有前途，于是不断地从一家公司跳到另一家公司。这两种人的问题都出在同一个地方，就是不能够理智地对待跳槽。

对于前者，即使公司能够长久存在并且不会开除他，他也难以有升迁的机会，因为一个缺乏上进心，没有进取精神的人是难以获得成功的。而事实上我们大多数人都有"路径依赖"的心理，比如习惯于点同一家餐馆的同一种外卖，总是喝同一种口味的饮料，或者老是穿同一个品牌的衣服。很多时候我们都不敢去尝试改变现状，即使自己对现状已经厌倦。仔细想想，在职场中我们是不是经常抱怨公司，抱怨工作，抱怨同事，可是，抱怨之后却又不采取实际行动打破这令自己痛苦不堪的现状。此时我们需要的就是，要么改变自己的工作态度，努力培养起自己对这份工作的热爱；要么就是理智地跳一次槽，在新的岗位上去发掘自己的闪光点。有时候，换一个环境，就能够改善自己对待工作对待生活的心情，也许在这里，我们就能享受到工作的乐趣和成功的滋味。

而对于后者，跳槽似乎已经成为了他的习惯，也许只是某一天不想再在那家公司上班了就草率地提出了辞呈。这样的人，由于缺乏恒心毅力和足够的理智，又没有建立起对自己工作于其中的公司的认同和热爱，自然也是难以获得成功的机会的。在人事部主管的眼中，在从事工作的第一个 5 年内就跳槽的人，即使被招聘进公司也只能作为新手来用；一份工作坚持了 5~6 年的人再跳槽，才可以作为有充分工作经验的员工放心大胆地交给他工作任务；要是坚持了 8~9 年再跳槽，那么一般在新公司经历半年左右的观察期后就可以升职做主管了。也就是说，一味地跳槽，并不一定能够为自己的成功增加筹码，相反还有可能使自己的竞争力贬值。

因此我们不难看出，跳槽是一把双刃剑，时机成熟了，选择正确了，跳槽就能帮助我们取得成功，而时候不对，考虑得又不够周全的话，跳槽就会成为我们成功路上的绊脚石。这其中的关键就在于，我们在决定跳槽时有没有足够的理智和慎重。在跳槽之前，我们不妨问问自己以下这些问题：对于目前的这份工作我有哪些不满意的地方；这些令人不满意的地方只是我自己的偏见还是公司本身有问题；要是现在跳槽自己是否会有难以承受的生活压力，对于新的工作环境和人际关系，我是否做好了充分的心理准备去应对；这次跳槽是不是符合我的职业规划，是否有助于我实现自己的人生目标等。先想清楚这些问题，再来决定是否跳槽，对我们职场生涯的发展有非常大的好处。

要想跳槽成功，我们不仅需要有打破现状的勇气和人往高处走的上进心，还要有足够的理智去尽量客观公正地权衡利弊。不管怎样，理智地跳一次槽都将为我们的生活打开一片新的天地，有新的高山等着我们去攀登，有新的挑战需要我们去面对，有新的成功滋味等着我们去慢慢体会。

跳槽之劳动合同法解读

1. 竞业禁止：又称为竞业回避、竞业避让，是用人单位对员工采取的以保护其商业秘密为目的的一种法律措施，是根据法律规定或双方约定，限制并禁止员工在本单位任职期间同时兼职于业务竞争单位，限制并禁止员工在离职后从事与本单位竞争的业务。根据劳动部在 1996 年 10 月 31 日出台的《关于企业职工流动若干问题的通知》："用人单位也可以规定掌握商业秘密的职工在终止或者解除劳动合同后的一定期限内（不超过 3 年）不得到生产同类产品或者经营同类业务且有竞争关系的其他用人单位任职，也不得自己生产与原单位有竞争关系的同类产品或者经营同类业务，但用人单位应当给予该职工一定数额的经济补偿。"因此，劳动者在与用人单位签订竞业禁止条款时，应该注意竞业禁止期限和适当数额的经济补偿。

2.跳槽时应该完备的手续：根据新劳动法第三十七条的规定，劳动者提前 30 日以书面形式通知用人单位，可以解除劳动合同。劳动者在试用期内提前 3 日通知用人单位，可以解除劳动合同。第三十八条第二款的规定，用人单位以暴力、威胁或者非法限制人身自由的手段强迫劳动者劳动的，或者用人单位违章指挥、强令冒险作业危及劳动者人身安全的，劳动者可以立即解除劳动合同，不需事先告知用人单位。

3.跳槽雷区：① 合同约定了服务期限的，不能贸然提出辞职。② 不可违反与原用人单位签订的有关竞业禁止的规定。③ 不可泄露所知悉的原用人单位的商业秘密。④ 劳动者在未正式与原用人单位解除劳动合同之前，不应与新用人单位签订劳动合同，否则该合同会因为建立双重劳动关系而无效，而自己和新用人单位还有可能承担相应的法律责任。但是为了维护劳动者的合法权益，可以与新用人单位签订另一份协议书，约定与原单位解除劳动关系后，新单位会履行对劳动者的承诺，包括聘用该劳动者，工资待遇、职位、工作期限等内容。

向老板要求一项艰巨的任务

　　现代社会飞速发展，各行各业的竞争都日益残酷和激烈。优胜劣汰是市场经济亘古不变的法则，它的目光有着最严格最无情的标准。要受到市场经济筛选的不仅是商品，还有身处其中的我们。如果我们没有足够的能力在自己的工作领域争得一席之地，轻则，一直做一个默默无闻的小员工，失去上升和成功的机会；重则，可能就会有新的强者来取代我们的位置，自己被淘汰出局。这时，不论我们多么后悔、多么痛苦，都于事无补，因为市场经济就是这般铁面无私，它不会因为任何人的眼泪而给予多一点儿的同情。所以，我们要做的就是不断提高自己的能力，做一个竞争中的强者，自己为自己争取成功的机会。既然是自己争取，你不妨主动向老板要求一项艰巨的任务，这是让老板注意到你才华的不错方法，也是让自己获得成功的捷径。

　　一提到艰巨任务，很多人都想到了退缩。人们可能会觉得自己没有这个能力，又或者会担心自己付出了很多，却还是没有圆满完成任务，反而会让领导失望，也让同事看了笑话。要是这样想，那你一开始就错了，甚至可以说，你一开始就输在了起跑线上。真正的强者一定是拥有自信的人，他们总是用肯定的眼光来看待自己。白云并没有因为太阳在身边闪耀而觉得自己卑微，因为正是它的雪白才把天空映衬得更加蔚蓝；沙漠中的湖泊也没有因为自己没有大海磅礴而感到卑微，因为正是它小小的身躯赋予了这片土地以"沙漠绿洲"的美誉；猫咪没有因为老虎的威猛而感到卑微，因为当它在树上瞭望远方时，老虎只能抬头将它仰视；清洁工并不因为自己的职业而在别人面前感到卑微，因为他知道，没有自己的劳动，这城市将不再干净……

如果你在艰巨任务面前总是战战兢兢，总是不敢相信自己的能力，不敢迈出挑战自我的第一步，你又怎么能够奢望老板来主动发现你的才华？你要知道，这是一个在老板和同事面前展现你能力的好机会，即便最后失败了，你的潜力也会得到极大的挖掘。

当老板给了你某项艰巨的任务时，你一方面要建立起积极的心态，做好迎接各种挑战的心理准备，另一方面又要把工作落实到实处，以认真负责的态度走好每一步。既然你决定挑战自己，就请拿出全力以赴的劲头和勇气，严格要求自己，一定要尽力把工作做到最好，把自己的才能发挥到极致。

当你通过坚持不懈的努力最终完成了这项艰巨的任务时，老板自然会对你刮目相看，在以后的工作中会给你更多的机会和器重。到这时，你离成功也许就只有一步之遥了。假如你尽力了仍没有圆满完成任务，也请不要太过沮丧甚至怀疑自己的能力。因为这个奋斗的过程以及最后失败的结果，都会教给你很多珍贵的东西。徐特立说过："想不经受任何挫折而成长起来，那是神话。挫折是成长过程中的必需品。"大海因为拥有汹涌的波涛，才显得更加的壮丽；天空因为接受雨的洗礼，才更加湛蓝深邃；而生活因为有坎坷的存在，才增添了几分感动，几分坚强。我们从不拒绝坎坷的存在，也无须畏惧。人生本是一场历练，要么你就唯唯诺诺止步不前，要么你就把自己交出去接受挑战、经历风雨。虽然你奋斗的结果不尽如人意，但这份经历却磨砺了你的意志，也锻炼了你的能力，让你成为了一个比昨天更加强大的人。而且，只要你努力了，老板就能看得到。一个努力工作的员工是任何一个老板都会喜欢的。所以，即便失败了，也不是一个一无是处的结果。

为了实现你的梦想，让自己成为工作中的强者，向老板要求一项艰巨的任务吧。在挑战自我的过程中，你会发现原来自己比想象中的更有能力。

成功源于自我挑战

麦克伦曾经说过这样一句话："你可以在技术方面才华横溢，但是如果你不能领会怎么样用一种人们能看中你的方式去工作，或者不能让老板赏识你的能力和胆识，那么你注定会走向失败。"向老板要求一项艰巨的任务就是这样一种能够让老板赏识你的工作方式。

有这样一个故事，乔尔在美国某家IT大公司担任集成系统部副总裁，可以说，他已经是一个成功人士了。他之所以能够取得今天的成就，就是因为他总是向老板要求完成艰巨的任务。这份工作其实是他在这个领域的第一份工作。他之前的工作与此没有什么关系，全是有关项目管理和工程的。当公司决定选择一位商人身份的人来填补职位的空位时，正是乔尔敢于承担艰巨任务的勇气和魄力以及在完成任务的过程中不断增强的能力为他赢得了这个职位。这就是我们要学习的地方，勇气、自信和不断学习的能力，终将为我们打开成功的大门。

做一个美丽的"白日梦"

生命太轻，而梦想太重。我们这么有限且脆弱的生命真的没办法承载那么多沉重的梦想，因为每一个梦想里面都装满了人们对未来的希望。可事实上，梦想本身可能并不沉重，它只是很美好，还带着一丝由于未知而产生的神秘浪漫的气息。它之所以沉重是因为我们太执着于梦想的实现和欲望的满足了，就好像蜗牛一样把梦想变成重重的壳背在背上，往前的每一步都爬得那么缓慢艰难。作为这个社会的一员，我们总是有很多应该去做的事情和必须去承担起的责任，比如努力工作、孝顺父母等。有时候你是不是也会觉得自己很累，有些喘不过气来？如果有一天，我们仍然会为了梦想坚持不懈地努力奋斗，却不再强求它的实现，生活是不是会变得轻松一点？不如尝试做一个美丽的"白日梦"，梦里没有非要实现梦想的压力。这个梦将变得如羽毛般轻盈，带着你一起飞离地球表面，远离现实的烦闷与苦痛，这是一个飞翔的美梦。

你的白日梦也许是关于爱情的。那个梦寐以求的王子或者公主终于在某天与你浪漫邂逅，从此开始了一段童话般美好的爱情故事。你可以想象和恋人在雨中浪漫地散步，可以想象在一起愉快地吃饭，还可以想象你们共同走过风风雨雨后仍然幸福地生活在一起直到慢慢变老。

这个白日梦也可以是关于亲情的。你幻想着自己已经结婚生子，然后带着伴侣和孩子兴高采烈地去看望父母。年迈的父母早早地站在阳台上盼望你们的到来，当看到你们的身影时，他们俩开心得就像两个老小孩。

一家人围在一起吃饭，父母一边忙着给你们夹菜，一边又迫不及待地想去逗逗可爱的孙子，好一副其乐融融的画面。这个梦想即便只是白日梦，也能够弥补你难以陪在父母身边的遗憾。

它也可以是关于岁月的白日梦。电影《岁月神偷》里有这样一句台词，"在幻变的生命里，岁月原是最大的小偷"。可是，岁月虽然能够偷走我们的青春和幸福，却偷不走我们对过去的追忆和对未来的向往。你可以再一次幻想你的童年时光，也可以憧憬将来的生活。

当然，这个白日梦更可以是天马行空的。你可以幻想自己像哈利·波特那样拥有神奇的魔法，也可以幻想自己拥有《暮光之城》里的吸血鬼那般风驰电掣的速度，还可以想象自己拥有预知未来、改变命运的法力。既然这只是一个白日梦，那么梦里就应该没有"不可能"这三个字。在如此这般疯狂的梦境中，你一定能够感受到彻底的放松和随心所欲的痛快。

白日梦里也不尽是不能实现的幻想，当然也有你将来可能完成的目标，比如你可以想象自己终于完成了某项艰难的任务，得到了大家的一致认可，或者你终于成了工作领域里的行家能手，功成名就等。这种幻想会成为激励你坚持奋斗下去的动力。

不要觉得做白日梦就是浪费时间，偶尔做做白日梦不同于沉溺在幻想里。后者是只知道幻想而不知道采取实际行动，用迷梦来麻醉自己。而前者则是认清现实后的自我解嘲，是精神上的暂时放松，是可以缓解压力、激发动力的。爱因斯坦被誉为"20世纪最伟大的科学家"，在研究时空理论时，他就幻想自己乘坐着月光在星际之间自由自在地遨游。这时的白日梦变成了解开科学之谜的钥匙。丰富的想象力还可以帮助我们保持良好的记忆力。也许，年龄的老化并不是人生最大的无奈，想象力的衰退才是我们最大的悲哀，因为失去了做白日梦的能力，生活也就缺少了很多梦幻般的绮丽色彩。做一个美丽的"白日梦"吧，让自己插上想象的翅膀飞起来。

我的"白日梦"

终于下班了，拖着疲惫不堪的身体挤在水泄不通的地铁里，我很累也很无奈。看着周围那些陌生又冷漠的面孔，突然变得有些不知所措，不知道自己在哪儿，也不知道自己究竟在干什么。今夕是何年？

想着想着，我觉得自己的身体好像越来越轻，终于飞了起来。我决定离开这里，飞到一个童话世界里去。一眨眼的工夫，我就降落在一片绿草如茵、百花盛开的森林里。那里住着可爱的小精灵，它们扑腾着透明的金色小翅膀围绕在我的身边，像等了我很久很久一样，因我的到来而欢呼雀跃。迎面一位雍容华贵的老妇人款款走来，她长着人类的面孔，却有着天使的翅膀。她满带笑容地告诉我，她是这个精灵王国的女王。王国里不仅住着善良的精灵，还住着很多因为各种机缘巧合而发现这里的人类，当然还有各种各样的小动物。女王牵着我的手向森林开阔处的城堡走去。那是一栋哥特式的建筑，高耸的尖顶有着把人心引向上帝的力量。它庄严肃穆，却一点也不阴森，因为刚走近城堡，我就已经听见悠扬的歌声从那里面飘荡出来。这不是独唱，而是合奏；不只是稚嫩的童声，还有着大人成熟的嗓音为它增加了一层生命的厚度。这歌声是这么地柔美坦然，透露出经过了风雨洗礼后的宠辱不惊。我以前从来没有听过这首歌，可是当我听到它的时候居然也能跟着唱起来，而且越唱心里越是觉得愉快和轻松。女王说，那是因为我唱出的是心底的声音。之前不知道这首歌，是因为忙碌的生活和外界那么多令人头晕目眩的诱惑让我失去了认识自我的机会。这里是一个世外桃源，每个人都知道自己真正想要的是什么，所以活得坦荡，活得自在。并且，大家和动物们和睦相处，没有杀戮，也没有对大自然的过度掠夺，生活里处处是这种人与自然和谐相处的幸福。我很开心自己发现了这个人间仙境。女王邀请我留下来。我却说我要先回去，带上我的家人和朋友再一起过来。女王当然非常乐意接受新的伙伴。于是不知怎么的，我又飞回了地铁里。正好，我要下的站到了。一边想着这个美丽的白日梦，一边不经意地笑起来。我不知不觉加快了脚步，因为我要回家了。

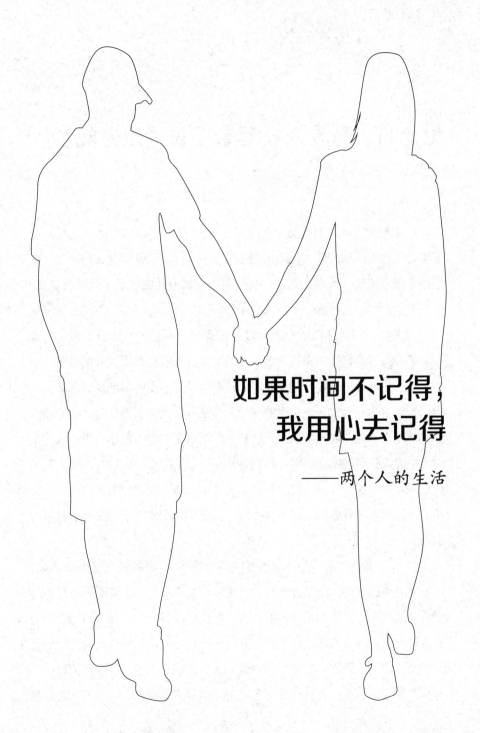

如果时间不记得，
我用心去记得

——两个人的生活

纪念日，与爱人一起亲手做"烛光晚餐"

　　对于相爱的人尤其是处于热恋中的人来讲，在一起的每个纪念日都是值得庆祝的，用来怀念也用来去憧憬将来，以此来证明两人在交往过程中慢慢走向成熟。的确，每个纪念日对于深爱彼此的情侣永远都有意义，永远都值得用心去纪念。

　　很多情侣都会选择去西餐店度过纪念日，有烛光、红酒、柔美的音乐，好像只有这样才能算得上浪漫。其实烛光晚餐在哪里进行都可以，家中，甚至是郊外，只要你们愿意，心情和情调是不变的，地点又怎么会永远约定俗成呢？对于如此深爱的两个人，在一起做什么都会是幸福和甜蜜的。两个人一起在家做一顿烛光晚餐，然后享受共同的劳动成果。或许这对于夫妻来说可能就如同喝一杯白开水一样没有味道，但是对于恋人来说还是一件非常甜蜜的事，带着一点对未来的憧憬，好似对未来生活的一次预演。这种感觉就像真正在一起生活，也会给你们的回忆增添不少温馨的画面。

　　其实在家做西餐，也不像我们想象中复杂。如果彼此已经商量好，接下来就可以考虑一下做什么食物比较好，怎样搭配，也许不用特意去科学合理地搭配，重要的是合作的过程。两人可以各自拿出自己的绝活，为对方做自己最拿手的菜，即使手艺并不太好也无所谓，每个人都会对自己和爱人的劳动成果格外的珍惜和偏爱。如果你们有兴趣，可以尝试着做一些从没试过的新菜，既可以是从各式各样的菜谱上学来的，也可以是自创

192

的，不要担心做砸了，尝试本身就是一种快乐，更何况有两人的合作和努力，一起尝试一种新东西，然后一起享受，会是件特别浪漫和新奇的事。

也许有一个人从未下过厨，那么打打下手也可以，或者在旁边静静地看着爱人忙碌的样子，也是一种幸福。在这个过程中你会发现原来自己的爱人是那样地能干或体贴，这样的过程也可以考验和培养你们的默契程度，对于你们的关系的拓展也许会是一个新的契机。

烛光晚餐要伴随着轻松且两人都喜欢的音乐，伴随着鲜花、烛光、红酒，你们在忙碌半天之后，终于可以安静地坐下品一杯甘醇的红酒，在烛光的映衬下，两人四目相对，此时什么都不必多说，一切都那么恰到好处，一切都那么值得你们永远纪念。

烛光晚餐菜谱

扒牛排

原料：牛肉（肉块厚者为佳）1000 克，猪油 100 克，精盐适量。

做法：

1. 将牛肉切成 6 块厚约 2 厘米的牛扒，用刀稍拍平，在有筋络处略划几刀（以免熟时变形）。

2. 煎锅置旺火上烧热，下少量油，放入牛扒，迅速将两面爆干，即改小火，再加适量的油，将牛扒稍煎之后，在两面撒上精盐，继续煎至熟起锅。

3. 煎牛扒（2 厘米厚）所需要的时间，视对牛扒要求的熟度而定：

（1）红牛扒（生牛排）——每面各煎 1 分钟。

（2）浅红牛扒（中等熟）——偏生，每面各煎 2～3 分钟；偏熟，每面各煎 3～4 分钟；透煎牛扒，每面各煎 5 分钟。

牛排的几种配食：

1.英式牛扒，配食为煎洋葱块。

2.法式牛扒，在煎好的牛扒上放一片柠檬和一块蒜泥黄油。配食为煮豆角和烤土豆。

3.胡椒牛扒，在煎之前，先在牛排两面蘸上捣碎的胡椒。煎好装盘时烧以奶油沙司。

4.可以选用其他的配食，如：炸土豆条——蔬菜沙拉；煮青豌豆——煮芦笋——煮土豆；炒豆角——干煸磨菇片——煮土豆。

5.还可以浇上不同风味的沙司，使其味道各异，如荷兰沙司、博得来沙司等。吃法：将一块煎好的牛扒，放入盘中，根据做法，选用相应的沙司和配菜。将沙司浇在牛扒上，旁边放相应的配菜。也可以将煎牛扒、沙司和配菜分别盛盘或盘中，一起上桌，食者自取。用刀叉进餐。特点：肉质鲜嫩醇香，味美适口。

和爱人去西藏，感悟天地间的美丽

恋人间，总有许多事是需要互相见证的，这些事情或许有着罗曼蒂克式的惊喜，或许只是充斥着日常生活的平凡和琐碎。你们一起走过的点点滴滴，经过了岁月的打磨，被塑造成了结结实实的一砖一木，建造着只属于你们两个人的爱的殿堂。在那么多美妙的经历中，和爱人进行一次西藏之旅，你们会因其独特的空灵和浪漫沐浴其中，指引着你们获得对真爱以及生命的信仰。

西藏，真的是你和爱人不能错过的地方。

那里有着气度恢宏的布达拉宫，在碧水蓝天的映衬下，历史悠久的布达拉宫显得更加庄严和神圣。在那里，你可以欣赏布达拉宫从公元631年松赞干布开始兴建起到如今的精湛建筑工艺。更可以在风云变幻之际感受到人的渺小和信仰的纯粹。当然，你自然还会想起百世流芳的文成公主。当你和爱人牵手来到布达拉宫的面前时，依然可以感受到一千多年前，松赞干布迎接妻子的隆重与喜悦。虽然只有9年的相知相守，但我们都宁愿相信，他们始终都是幸福的。

"林芝"在藏语里是"太阳的宝座"的意思，因为在西藏人民眼里，这里就是太阳升起的地方。它也是你在西藏不可不去的地方之一，它是西藏的江南。雅鲁藏布江因为留恋它的美丽而不惜围绕着它转了好大一个弯，还有那不计其数的江河、湖泊都是那么深情款款地与之映衬。这里平均海拔高达3000米，而最低处只有152米，如此巨大的落差，必然造就了她宽广的胸怀，滋养着许多不同物种的动物和植物。那是一幅万物和谐生长的画面，能够涤荡人内心的征服欲望，臣服于大自然创造的美丽和神奇。你时时可以感受到一种宗教般圣洁的气氛在里面，一草一木都是大自然显示给为红尘所累的世人的神迹。说到神迹，自然不能不去看林芝的巴松措湖。除了欣赏那里的湖光山色以外，你一定不想错过湖心岛上那棵神奇的"桃抱松"。两棵来自不同家族的树木，却紧紧地拥抱在一起，你可以说那是神的启示，也可以说那是爱的演绎。

纳木错是你第一眼看到它就会爱上并且终生迷恋的地方。它是世界上海拔最高的咸水湖。水本来是会通灵，更何况纳木错又处在这离天空最近的地方，近得仿佛可以相互拥抱，它们一定已经说了几千几万个世纪的悄悄话了。你会看到有好多虔诚的朝圣者环绕着纳木错，一丝不苟地磕着一个又一个等身长头——双手合十，用大拇指由上而下依次点着额头、鼻尖、下巴，最后是心口。然后上半身直立着双膝下跪，两臂伸直向前缓缓趴下，把身体拉伸到最大长度，使整个身体和地面完全接触。再弯曲收回伸直的手臂，手掌撑着地面跪起来，最后才起身直立。然后依次往复……就这样地循环，周而复始着，也许这样才能显示朝圣者的虔诚与信仰的纯粹吧；看似繁复枯燥的程序，朝圣者却虔诚地一再往复，正如最初的那样一如既往。你情不自禁地会为他们的虔诚而动容；在他们身上，你会看到虔诚的信仰所具有安抚灵魂的神奇力量。那一刻，不管你是不是信徒，你都会有也跪下来磕一个等身长头的想法。其实，这些都源自你对内心安宁的向往。

牵着爱人的手，你们还可以走过西藏很多美丽的地方，可以聆听那似懂非懂的诵经声，像虔诚的信徒那样，闭上双眼，一起摇起转经筒；除此以外还可以欣赏那里的自然风景和人文景观。除了空灵、圣洁、超世脱俗这些字眼以外，你几乎找不到其他更贴切的词来形容这个离天最近的地方。你们相拥着站在西藏那蓝得好像能滴出水来的天穹之下，用心去感受这天地之间的力量，最终你们都会体会到这份对真爱和生命的信仰。

西藏其他景点推荐

除了上文提到的布达拉宫、林芝、纳木错以外，西藏还有好多值得一去的地方：

1.比日神山：地处林芝八一镇，建有中国第二大自然博物馆，保存了大量珍贵动植物的标本，比如藏羚羊、孟加拉虎等。山里还建造了林芝自然生态博物馆，展现了林芝丰富多彩的自然生态景观。藏历的每月 15，会有大量藏族群众来这里转山，以示对这座神山的敬畏。

2.雅鲁藏布江大峡谷：是世界上最大的峡谷，位于林芝米林县。峡谷内激流汹涌、幽深曲折、气势壮阔、风景奇秀，是远离俗世的世外桃源。

3.珠穆朗玛峰：以世界第一高峰闻名于世。山顶高耸入云，山上一些地方终年积雪，冰川、冰塔林更是随处可见。建于 1989 年的珠穆朗玛峰国家自然保护区内，生长着大量的珍稀物种，比如长尾灰叶猴、熊猴、喜马拉雅塔尔羊等国家一级保护动物。在这里，还可以欣赏到许多风云变幻的自然奇景，令游人流连忘返。

高原旅游的注意事项

1.胸闷、气短、呼吸困难等是初到高原的正常反应，无须太过紧张。此时，更应该放松心情、卧床休息，这样有助于高原反应的缓解和痊愈。

2.当感觉身体不适时，可以补充一些维生素，多吃碳水化合物食品，注意多喝水，多吃水果和蔬菜，最好不要抽烟喝酒。

3.高原地区昼夜温差大，要注意保暖，小心感冒，以免诱发急性高原肺水肿。

4.合理计划旅行日程，不要安排得太紧凑，以免给身体造成过度负担，注意劳逸结合。

和爱人去郊外，进行一次田间劳作

又是一年七夕，牛郎织女的故事，每到这时总会被重新提起。其实人们对这个故事早已烂熟于心，可依然喜欢在每年的这一天去温习这凄美的爱情绝唱，纵使在心里默念它百转千回。最终总会以那句"两情若是久长时，又岂在朝朝暮暮"（出自北宋词人秦观《鹊桥仙》）来聊以自慰，好似是为了安慰自己而弥补或忽略故事结局的伤感，填补牛郎织女之间相隔万里的时空，自以为是地把这个爱情故事衬托得越发凄美哀怨。但其实牛郎织女本身也许并不在意，他们在乎的只是那些朝夕相处、男耕女织的曾经拥有，从没奢望过什么天长地久。原来这个故事最美的部分，就是那些男耕女织的日出而作日落而息。

在古代，恋人们携手共度一生的最好方式也许就是男耕女织了，那是他们的世外桃源。不稀罕什么锦衣玉食、琼楼玉宇，那样的日子其实是过给别人看的，不是爱人之间冷暖自知、相濡以沫的贴心和踏实。谁不希望相守就是百年，永不分离？男耕女织，隐含的是一种自食其力，把幸福牢牢地抓在自己的手上，那幸福也是一种互相扶持、细水长流式的。

而生活在现代的人们，要的又是哪一种幸福？是更多的付出还是索取？

如今男耕女织的生活方式也许并不实际，快速的生活节奏让我们有时连午饭都没时间好好吃，怎么可能还有时间去种瓜种豆呢？但城市里的爱情又偏偏是更需要阳光和空间的，因为那些高楼大厦实在显得太压抑，又给人太冰冷的感觉。所以，不如找个时间和你的爱人去郊外，进行一次田间劳作，在远离城市的乡间，仔细体会一回男耕女织的单纯、从容和幸福。

挑一个天晴日朗的好日子，到郊外去看看。那里的泥土散发着庄稼的清新气味，是一种脚踏实地、返璞归真的味道。城市本就是从乡村脱胎而成的。回到乡下去，便带着一种回归母体的意味。越是接近，心里便越是轻松、踏实。卸下来自城市的包袱和种种负担，这是一次你和爱人之间享受幸福的时刻。

阳光温柔，微风和煦，郊外空旷，整理一下自己的好心情，一边倾听着鸟语花香，一边走进田间的地头；你们之间的分工也是一边锄地，一边播种；一边是他伸伸腰背，她给他擦擦额上的汗。两人目光相遇的那一刻，没有言语增加的必要，心满意足的笑容已经胜过了万语千言。劳作的过程中会有很多乐趣。比如，地上会有各种各样蠕动的小虫，也许它们正在去觅食的路上，也许刚刚吃完饭，正在散步锻炼，你们会在劳作空闲发现它们，并捉一只来与之嬉戏。然后，你们小心翼翼绕开庄稼，在空地观察这只田间的虫子，它在这么如诗如画的地方过着平凡的日子，遇见任何障碍都能绕过去，你也许会有那么一个偶然的念头想成为它，像它那样轻松自然，处事不惊。其实生活本来就应该是，和爱人从容地走下去。该迈的步子一步都不退缩，遇到障碍就面对。

有播种就会有收获。不要去和别人比谁结的果多，这些是心灵上的收获，无法凭重量质量去衡量。其实，只要你无悔地付出过，全力地争取过，无须去问自己的努力是值得还是不值得。这个过程足以使你满足，也已经成为你人生的一部分。享受和爱人一起田间劳作的乐趣，让幸福的日子细水长流。

北京现实版的开心农场

1. 房山区向日葵主题公园：该公园设计了 1000 块"自留地"，"农场主"们可以在这里种植玉米、油麦菜、蚕豆等 40 多个品种的蔬菜，种子、农具、肥料等都由主题公园免费提供。农场主们可以在农业生产经验丰富的技术人员的指导下进行耕作。这个现实版开心农场的种菜规则是：有关播种和收获的所有劳动程序农场主都必须亲自完成，禁止"偷菜"。自给自足，多余产品可以自由买卖或以货易货。

2. 北京兴寿开心乐园种植中心：位于北京市昌平区，兴寿镇桃林村。这个种植园附近有很多大型采摘园，有苹果、草莓、柿子等水果，还有国家森林公园、小汤山温泉、银山风景区、静之湖风景区等度假胜地，所以在种菜之余，地主们还可以到附近去观光游玩。该中心还为地主们提供托管服务，即由种植中心的工作人员代为进行耕种和收获，收获的蔬菜会快递到地主家中。另外，地主可以持"地主证"在园内 200 平方米的偷菜园内"偷"菜。园内还有 400 平方米的"爱心地"，地主可以任意播种，待到农作物成熟后，公司会帮助地主销售这些农产品，并将销售所得署名捐献给慈善事业，为地主的劳动又增加一层意义和价值。

3. 北京月亮湾开心农场：位于顺义区南彩镇。这个农场里不仅有农作物种植基地，还有特色家禽养殖区，可以喂养柴鸡、羊、小兔子等家禽家畜。该农场成功整合了现实版开心农场与"社区支持农业"两种农业模式，同时提供农场主亲自收获和收费蔬菜配送两种服务。这里还有绿色果树认养项目，果树品种有绿宝石梨梨树、黄金梨梨树、贵妃梨梨树、丰水梨梨树、雪青梨梨树、水晶梨梨树、山楂树、桃树、杏树、李子树、大枣树、核桃树等，认养价格为 200 元／棵。

送旧爱一首歌，微笑地说再见

人生如海，潮起潮落，沉沉浮浮，几多苦辣酸甜，失意，或曰逆境总是如影随形。其实失意不可怕，可怕的是失去战胜失意的勇气和信念。若以一颗坚强的心去面对失意，它就成了你人生的一笔财富。善待失意，就能战胜失意。

分手实在是件令人伤心和难过的事情，但每个人都有追求自己幸福的权利。

恋爱双方可能只有一方有分手的意思，这结果对另一方而言，注定就是伤害，被伤害的人是痛苦的，用情越是专一，疼痛也就越深。如果失去的爱情真的无法破镜重圆，那么长痛不如短痛，任何人都有资格也应该有能力寻找到属于自己的美好，时间的重大意义就在于它能够说明疼痛其实是一种非常玄妙的东西，只要有新的更纯真的爱情，痛苦就自然成为美好的回忆。即使不能成为美好的回忆也不要紧，因为你已经不痛了，"爱"是最好的止痛药，没有任何副作用，谁也替代不了。

但即使是分手，也曾有过美好的回忆和感觉，大可不必老死不相往来，也不必伤心欲绝。"爱情没有了，回忆起来甜蜜多一点，还是痛苦多一点？"我们常常会遇到这样的问题，很多人觉得失去了当然是痛苦大于幸福，想起分手时刻的那些伤害，想起痛苦的流泪都会让人心中隐隐作痛。而有一个人却说："分手了，我记得最多的还是甜蜜，因为我忘记了那个人和那些痛苦，留在记忆里最多的还是曾经有一份很美的爱情。"

的确，很多时候，我们伤心痛苦，主要还是因为我们无法忘记。我们总是无法忘记那些伤痛和失意，那些记忆犹如明镜一般被我们悬挂起来，每天都在看，每时都在想，这样我们又怎能快乐呢？所以，在失意的时候，人应当学会忘记，忘记那些不快，才能够真正的快乐，才能开始新的生活。

微笑着告别曾深爱过的人，对自己曾付出的感情也是一种缅怀，临别前，送他一首最能表达你此时此刻心情的歌曲，然后微笑着挥手说完再见，毫不犹豫地转过身前行。

维系感情的几种方式

1.用爱心平等地对待爱人

1848 年，大英帝国的维多利亚女王和她的表哥阿尔伯特公爵结了婚。和女王同岁的阿尔伯特比较喜欢读书，不大喜欢社交，对政治也不大关心。

有一次，女王敲门找阿尔伯特。

"谁？"里面问道。

"英国女王。"女王回答到。

门没有开。敲了好几次以后，女王突然感觉到了什么，又敲了几下，用温柔的语气说："我是你的妻子，阿尔伯特。"

这时，门开了。

在这个世界上，无论你在朋友还是在家人中间，记得要用爱心平等地对待别人，这样才能赢得别人的爱与尊敬。在爱情上，两个人在人格上是没有什么差别的。

2.让吵架变成一种黏合剂

小婷和自己的丈夫又吵架了，结婚3年来，这到底是第几次，谁也不记得了。

从第一次吵架，小婷心里就隐约闪现过"离婚"两个字。只是她听说，幸福之家是吵架声比邻居低一些的家庭，因此才没把这点小别扭放在心上。

然而，随着吵架次数的增加，"离婚"的念头就像一团阴云一样在她心头越积越厚。终于，乌云酿成了暴风雨，这次吵架之后，在咬牙切齿和无所适从中，她从床上摸起一本杂志，发现上面有这么一句话：专家说，一栋因地基没打牢而出现裂痕的房子，你是修补还是拆掉？一桩有裂痕的婚姻，你是维持还是摧毁？修补濒于破裂的婚姻比摧毁它，要困难得多。

小婷恍然大悟：老房确实是用来拆除而不是用来修补的。

不知过了多久，他俩又吵架，这次她把"离婚"二字明明白白地提了出来，并且很坚决地到法院递了诉状，因为这桩婚姻是一栋危房。

在等待判决的日子里，小婷百无聊赖。别人下班回家，她在办公室翻报纸，从报纸上看到一段话：专家说，婚姻是一件瓷器，做起来很困难，打碎很容易，然而收拾好满地的碎片却是件不易的事。

小婷的心好像被鞭子轻轻地抽了一下，在婚后的3年里，丈夫的习性、噪音和喜好，都已深深地烙在心中。如果分离，这些记忆的碎片她该如何清理？

小婷一下子糊涂了，她真不知危房理论和瓷器学说哪一个更正确。第二天，她悄悄地跑到法院把离婚诉状要了回来，她要想清楚再说。

小婷几乎被这些理论弄糊涂了。当她不由自主地走回家时，丈夫已虚掩着门等待她，她倒在丈夫怀里，什么话也不想说，任泪水肆意地流淌。第二天，她就把剪的报纸连同那本杂志扔进了垃圾箱，她觉得她已不需要任何婚姻理论了。

　　争吵也许永远都是婚姻的一部分。如果仅仅把争吵当成一根针，那么再牢固的婚姻最终也难免不被刺得千疮百孔。如果给这根针后面拴上线，那么即使充满危机的婚姻，也能被缝补得结结实实。

与你的爱人签一份盟誓书

刚刚坠入爱河的恋人们，大多是狂热的、心醉神迷的。很多时候他们用爱情最初的激情来支配自己的灵魂和行动，如同遵循人类的本能一样。比如恋人们会绞尽脑汁想出各种花样，心血来潮地为两人的爱情制造浪漫，创造惊喜。可是再惊天动地的爱情，也会随着时间的推移从狂热降温下来，就好像沸腾的滚水总会冷却下来，最终和周围的温度相一致一样，持久的爱情也需要冷静下来，直至达到和我们的身心相适应的"37℃"。这是再自然不过的事情，而不是两个人不再相爱了的表现。因此你大可不必过分失望和担心。这时的爱情不再如穿着华丽礼服的舞会焦点那般摄人心魄，而是换上了一身平凡但亲切的家居服，带着要让幸福细水长流的信心和朴实。

爱情稳定下来之后，两个人的朝夕相处已经成为一种习惯，而我们又往往会因为习以为常把幸福忽略。大部分人都会很容易被表象所欺骗，觉得爱情怎么一下子变得这么平平淡淡，严重的甚至会怀疑是不是对方不再爱自己了，或者是不是自己的心已经变了。其实仔细想想，很有可能两个人都没有变，只是当突然面对爱情的这副生活化的面孔时，你们都还没有做好足够的心理准备而已。

为了更好地应对激情之后的归于平淡，你不妨和爱人签订一份有关爱情的盟誓书，表明彼此的心迹，让对方知道不管将来两人将经历多么大的风浪考验，不管生活中会充满多少柴米油盐的琐碎，也不管未来是贫穷还是富贵、是顺遂还是艰辛，你们都会怀着最初相爱时那颗情真意切的心深爱着对方，你们对彼此的爱只会在岁月的打磨下越发坚定越发熠熠闪光。当然，如果你们是正在热恋中的男女，也可以写这样一份盟誓书。它会让你们的爱情升温，让彼此的心更加坚定。这是一件很浪漫的事情。

在这份盟誓书里，你们可以预期未来生活的不快，做好充分的心理准备，保证两人会相濡以沫，共同战胜困难；你可以和另一半商量好将来要怎么做才能既深爱着彼此，又同时留给对方足够的个人空间；你可以憧憬你们的爱情结晶，打算一下以后如何教育孩子；你们可以郑重地做出承诺，保证这份爱情能够走过地老天荒。总之，盟誓书里写的都是你们两个人的共同愿望，不论是现在的宣誓，还是以后的恪守，都应该由你们手牵着手共同完成。

既然盟誓书已经在你们互相信任和同意的基础上建立起来了，那么就请你们在剩下的时间里，好好遵守，不要以为这件事只是装装样子，只是觉得是在给平凡生活打的一针兴奋剂。既然已经决定去相互盟誓，那么就应该信守诺言，你们之间的婚姻也是如此，相比较西方国家，我们的婚礼上少了代表神圣和忠诚的牧师做见证人，但仍然有你们双方的父母长辈和亲朋好友为你们婚礼做见证。虽然你们可能无须在婚礼上四目相对地说出你们彼此愿意照顾对方一辈子的誓言，但你们一定也会承诺些什么。不要让时间冲淡这些经典的回忆，也不要让周而复始的生活消耗掉彼此对爱情最初的信仰。

这是台湾的一份《结婚人盟誓书》，时间是在 1997 年。

新郎：

新娘：

我们二人谨定于__年__月__日（农历__年__月__日）时，在__举行结婚典礼，写下海誓山盟，终身遵守。在婚姻路上，共同经营，灾难病，互相扶持，永不分离。并就下列事项，立下承诺，即令沧海化为桑田，桑田再化为沧海，也要携手共进，相亲相爱，直到白头。

一、我们宣誓从结婚这一天开始，不但成为夫妻，互相敬爱，分担对方的快乐和忧愁，也同时成为朋友，而且是诤友，互相勉励，互相规劝，互相批评。

二、我们领悟愉快的共同生活，全靠心灵沟通，所以，我们一定善用言语，不仅表达爱心、关心，也使彼此借语言加深了解，一起成长。绝不粗声叱责，绝不用肢体代替言词，绝不允许发生婚姻暴力。

三、我们认知家庭与事业是夫妻经营的果实，夫妻对家庭的贡献等值，在家庭内或社会上，价值完全相同，社会工作薪俸无论多少，家务工作的薪俸都与其相同。

四、我们同意将来我们有子女，管教上如果有不同的意见，甚至有尖锐对立的意见，一定会克制自己，去请教专家，绝不把孩子当成实现自己希望的工具，也绝不用孩子来炫耀自己。

五、我们认为一夫一妻制，是社会安定的磐石，是孩子成长最安全的温床，我们喜爱并尊重这种制度，并用事实和行动，维持它的尊严。

六、我们警惕婚姻生活并不多姿多彩，它不但平凡，而且琐碎，如果不滋养珍惜，容易使生命憔悴，心灵伦俗，所以生活之中，我们一定保持适度的假期，与孩子一起长大。

七、我们谨记我们孝敬自己的父母，也孝敬对方的父母，不仅是回报养育之恩，也是培养自己人格的完整，为我们的下一代立下榜样。

八、我们了解我们将来会老，所以，我们从结婚这一天，就培养专业之外的其他艺术兴趣，如书、如画、如音乐，使我们的生命永远充实灿烂。

总结以上八点，我们虽不能马上做得完美，但我们会耐心追求，永不沮丧，永不停止。

拼贴一本和恋人共同生活的相册

　　年轻的时候，谁会去相信"平平淡淡才是真"这句话？谁不是踌躇满志，豪情万丈？可是，有哪个伟人在回到家的时候，不是围着衣食住行、柴米油盐转？太猛烈的幸福和痛苦都是不会持久的。平平淡淡才是真，平平淡淡的幸福才是真幸福，这幸福就像在水中慢慢化开的茶一样，有着值得回味的余香，可以细水长流。

　　每对恋人在爱情的最初阶段，都难免会陷入令人狂热、迷醉的激情之中，被幸福的来势汹涌冲得有点头昏目眩。你和你的恋人自然也不例外。可是慢慢地，你终会冷静下来。怎么可能一直像偶像剧里的男女主角儿那样天天爱得死去活来？生活归于平淡，似乎连你们刻意制造的浪漫都不如先前那么令人目眩神迷了。其实，这才是对你们爱情的真正考验。所谓"七年之痒"，也许就是受不了那份平平淡淡吧。但其实爱情还在，只是以更生活化的面孔出现而已：早上起床，妻子已经准备好的那杯冒着热气的牛奶；突然来袭的下雨天，丈夫默默撑在妻子头上的那件外套；出差回来，妻子准备好满桌丈夫爱吃的菜；下班回家，两个人终于结束一天繁忙的工作，那一声默契的相视而笑……这些点点滴滴的幸福，都是每一对夫妻会经历的，太平常太简单，却有着"随风潜入夜，润物细无声"的力量，滋养着两颗相爱的心。只要你们能够注意到这些小小的幸福，爱情之树就会是常青的。不如干脆拿出相机，记录下那些幸福的画面，再把它们制成一本爱的相册，见证你们爱情的每一个足迹。

　　并不是说只有去到不一样的地方或者发生不一样的事情，才有拍照的必要，才值得纪念。你们日常生活中的锅碗瓢盆都可以成为按下快门的理由，难道你不想让那一瞬间的幸福定格，好让你可以时时拿出来翻看翻看？重视生活中平淡的幸福，才是真正懂得幸福的人。

　　当你开始去留心的时候，你就会惊喜地发现，原来你们看似平淡的日常生活中有着那么多令人感动的时刻。那些令你有所触动的画面，都可以照下来，不管是开心的，还是偶尔闹了小矛盾的。他早上上班之前站在镜子那儿穿西装打领带的样子很帅；她今天化了一个不一样的眼影很美；他加班晚了，一副辜负了她悉心准备的精致晚餐的忏悔表情，很可怜；她回到家又给他说办公室那些八卦，眉飞色舞的样子很可爱；他和她吵架了，两人坐在沙发的两头各自生闷气，都可以互相照下来，这一照，怕是谁也气不起来了；还有，两人终于有了自己的小孩，三口之家的幸福，令人感动到想哭……总之，值得你按下快门的理由有很多。

　　之后，你们可以在照片下面写上一些话，内容可以是照片里的他当时在干什么，或者当时你照下这张照片的心情，又或者是彼此想要告诉对方的话，等等。一个小小的相机，一本渐渐增厚的相册，会给你和恋人的生活带来很多乐趣。

　　不要因为早已习惯而放心大胆地去忽略，更不要因为知道他爱你而有恃无恐地去伤害。请你拿出相机来，和恋人一起完成这本爱的影像。每一次按下快门，都是在说"我爱你"；每粘上一张照片，都是贴上一句"我爱你"；每在照片下写上一些话，其实也只是写了三个字"我爱你"。然后，等到你们银婚、金婚、钻石婚的时候，一起拿出那些相册，一张照片一张照片地慢慢翻着，回忆着。看着那些照片和下面写的那些话，这一生共同度过的喜怒哀乐又重新出现在眼前。那么多年过去，已经成为了老头老太太，但是你们的爱依然如初。

爱的影像

1. 照片内容：某个有月亮的晚上，两个人在树下约会。

画外音：月上柳梢头，人约黄昏后；那是我们第二次约会，那晚月亮圆又亮，正如我们俩当时的心情。

2. 照片内容：桌上摆了好多色香味俱全的菜，他坐在桌边，感到十分幸福。

画外音：出差好几天后回到家，除了一进门就迎来了老婆的热烈拥吻，还有满屋的饭菜香气，一桌子老公最爱吃的菜；幸福原来就是这么简单。

3. 照片内容：夕阳西下，两个人并肩坐在公园湖边的长椅上，相依相偎。

画外音：我能想到最浪漫的事，就是和你一起慢慢变老……

4. 照片内容：她气鼓鼓地抱着靠枕坐在沙发的一头，他也沉默地坐在沙发的另一头。

画外音：不管有多么相爱，我们还是会吵架。只是每一次吵架都让我们在沉默中有足够的时间去反省自己，从而发现自己的问题，变得更加爱惜彼此。

5. 照片内容：老婆怀孕了，已经六七个月，肚子像小山似的隆起。她懒洋洋地躺在沙发上，而老公则把耳朵轻轻贴近她的肚子，想听听孩子的声音。两个人都是一副心满意足的表情。

画外音：孩子还没出世呢，爸爸就着急地和他说上了悄悄话。

别管时间流逝，对爱人深情地说"我爱你"

　　这世上有三个字曾令多少人心潮澎湃，热泪盈眶，只需这三个字，任何再多的语言仿佛都成了一种累赘，这有着神奇魔力的三个字，便是："我爱你！"

　　起初这三个字在很多初涉爱河的人心中都很神圣，对于初识的恋人，想说却不敢或不好意思说出口，没能及时表达自己的爱意，相信很多人都曾追悔过那段纯真的过去。而一经岁月的洗礼，时光匆匆而过时，爱情的浪漫却悄然在生活中渐渐退去，换来的也许是疲惫麻木，也许是对幸福的迷失。当多年后的你，在遥想你们初识的那段光景，会不会在脸上浮现当年恋爱时羞涩腼腆的微笑，是不是应该把早没说出口的那句"我爱你"在多年后赠予他。或许多年后的今天，你觉得已经没有这个必要，也许是你太过忙碌而忘了还有这三个字，也许你觉得已经说过的话再说一遍没有这个必要，也许你觉得用行动来表示更有意义。但是，你可能真的错了，"我爱你"这三个字真的是经久不衰的示爱真言，没有人会不喜欢听到它。在听到喜欢的人说出口的一瞬间，不管你表现如何，不管你如何回应，但就在那一刻已经被那简单的三个字所触动了。

　　今天，何不找个合适的时机，其实，不用怎样刻意制造气氛，清晨，睁开双眼，对着睡眼惺忪的爱人可以轻轻说出来，相信他一定会立马精神百倍，而且保持一整天的好状态。上班临行，出门之前，也可以抓住某个瞬间，在他耳边轻轻呢喃一句，你一定会看到对方眼中的惊喜和兴奋，你也因此会快乐一整天，关键是，你们的关系也会因此有了新鲜的色彩。其实，这并不难，只是三个字而已，却可以让两人的生活发生很大的变化，也许你想都想不到。如果找不到合适的机会向你想示爱的人送上这句"我爱你"，那么就和自己约个时间，把自己的想法写下来，他一定会看到。曾有过这样一对情侣，他们分隔两地，除了电话的及时问候，剩下的时间，只要一有空，他们就会用信件的方式互诉衷肠——"今夜我就会把这封信寄出，包括寄出我的诺言，我爱你，不长，就一生……"

所以记住，说这三个字的时候，一定要认真，深情款款，千万不可漫不经心，否则你就是在亵渎这神圣的字眼，而且也会让对方觉得你是在敷衍。如果那样的话，还不如不说。说到底，就是要发自内心地感叹抒情。

找个合适的机会吧，你的爱人在期待你带给他的惊喜。

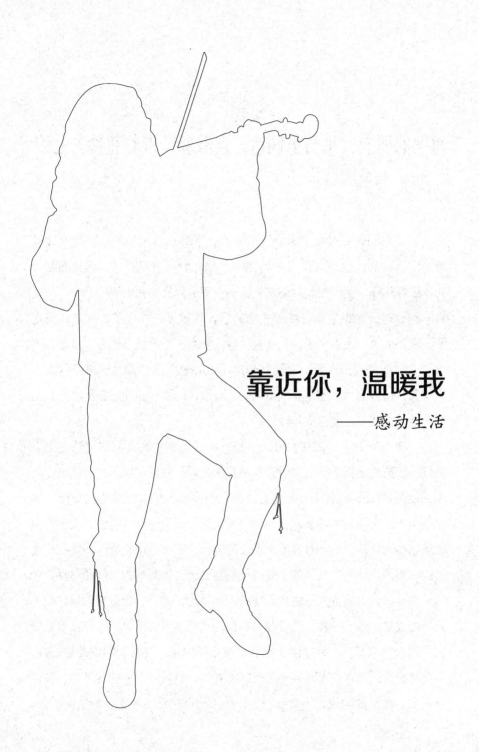

靠近你，温暖我

——感动生活

再熟的朋友，平日里制造一点温馨，带着礼物去赴约

　　与朋友相处，有如山中的涓涓细流，平静却源远流长，但终究缓缓流淌没有波澜。倘若时而有小鸟轻啄水面，鱼儿追逐戏水，漾起圈圈水晕，溅起阵阵水花，便是对细水长流的一种绝妙修饰和点缀。

　　约会对你来说也许是件很平常的事，吃顿饭，喝个茶，或是看场电影，时间久了，次数多了，也许有些淡淡如水，并不是不美好，只是似乎少了几分期待或是雀跃。有没有想过花点心思，给对方也给自己创造一点惊喜，这样的生活才是充满情调的。有情调的生活会让人充满活力和热情，甚至会使自己变得更年轻。

　　一次惊喜并不是故作浪漫，只是一次让你和朋友之间的感情变得更美好，让彼此感觉到彼此对对方的重视和关爱。制造惊喜其实很简单，无须去妄想诸如摘星星摘月亮之类的虚空的浪漫，那太矫情也太缥缈，如果两个人的友情是如此坚固，你们需要的是在平实中寻找浪漫，在现实中收集感动的片段。比如赶赴某次朋友的邀约，带一件小礼物，便是一个大大的惊喜了，尤其是当平静中的一丝波澜漾起，那瞬间的美好和浪漫让任何人都会动容。礼物并不需要大肆铺张或是怎样绞尽脑汁做到如何与众不同，关键是心意，一件小巧且容易买到的东西也未尝不可，不要觉得它庸俗，譬如一束花、一盒糖或一瓶酒，最重要的是你要告诉你重视的朋友，你为什么会选择在这个时候送上这样的礼物，有可能是一句玩笑话，有可能是关心体贴的问候，不管是什么，如果对方也那么在意这份情谊的话，

他会如此开心自己的人生中拥有你；但是，如果你真的很在意很喜欢这个人，又很了解他的喜好，如果你愿意，完全可以多花点心思，想出点别出心裁的而又能满足他的喜好的东西。

带一件小礼物赴约，可以显示出你对对方的重视以及对双方关系的认真在意，也是一种表达自我意愿的绝妙方式。约会之前，你也可以利用一些时机旁敲侧击探出对方最近想要一件或是几件什么东西，如果你送的正是对方想要的，对方会觉得是天大的惊喜，你也会有一种如愿以偿的欣慰。

不如等到周末，难得的假期，邀请你此刻心里想念的朋友，送去问候，送去你的邀请，带上你想送给他的礼物，想象着送给朋友的那一刹那，朋友惊讶的眼神和开心的笑靥，你是否也会心情大好。还等什么，让你的惊喜策划马上登场吧。

一些礼物

1. 一盆花

送朋友一盆花，不管什么样的花卉，除非朋友有特别喜欢的类型，如果没有，你觉得哪盆花好看就选哪个，另外还要买一些肥料，或者一些小工具，都是为了更好地照顾这盆花。如果你选择的是可以结出果实的盆栽会更有意思，跟朋友说明一定要密切关注着它开花结果的周期，一定要用你买来的小工具给它们除去污垢，或者一定要多注意观察它们，你会把施肥浇水的说明写在一张小卡上然后交给你的朋友，最后写上你的期待，等"大丰收"之后你要第一个去"验收"；其实不管送什么样的盆栽，会不会开花结果都不重要，重要的是你的心意，还有你的用意，不妨在你把这盆花交给朋友之后，对他说："记得要像呵护我们之间的友情那样，好好呵护这盆花。"

2.数码相框

数码相框是展示数码照片而非纸质照片的相框。数码摄影必然推动数码相框的发展，因为全世界打印的数码相片不到35%。数码相框通常直接插上相机的存储卡展示照片，当然更多的数码相框会提供内部存储空间以及外接存储卡功能。数码相框就是一个相框，不过它不再用放进相片的方式来展示，而是通过一个液晶的屏幕显示，它可以通过读卡器的接口从SD卡获取相片，并设置循环显示的方式，比普通的相框更灵活多变，也给现在日益使用的数码相片一个新的展示空间。

送朋友数码相框的确是一个非常时尚和明智的选择，如果你们是从小一起长大的朋友，你一定留存有儿时的照片，把它们翻拍一次录入电脑中，再传输到数码相框中，让你的朋友在第一时间看到这些往日的照片，他一定会非常感动；比如你最好的朋友要订婚了，你可以把他们的婚纱照和恋爱时的照片要来，然后制作成一个有着亲情和爱情瞬间的专辑送给他当作礼物。不要总是用金钱来衡量你们之间的情谊，虽然礼轻但情义无价，你的朋友会因为你的细心而感动，也许会因为你的举动而落泪。

3.自己的DIY

DIY是什么？ DIY是英文Do It Yourself的缩写，又译为自己动手做，DIY原本是个名词短语，往往被当作形容词使用，意指"自助的"。在DIY的概念形成之后，也渐渐兴起一股与其相关的周边产业，越来越多的人开始思考如何让DIY融入生活。

为朋友送上一件自己亲手做的礼物，自己会很享受这个过程，同时把这种成功之后的喜悦和他分享。如果你想不出来自己要做些什么给朋友，不如想想平日里朋友告诉过你喜欢什么东西，你可以做一个微缩版的送给他；又或者你做一个对方一定能用得上的东西，可以为他的生活带来便捷。总之，亲手制作的礼物一定是包含着你深深的情谊，对方也一定能被深深地打动。

寻找失落的童心

我们已经习惯了高楼大厦的视角，习惯了成长过程的苦涩，习惯了每一天回顾过去又展望未来的无奈，也终会慢慢等来变成熟、变老的那一天。可是我们总习惯想着过去的美好：我们站在人来人往的大街上，想起那个时候，我们第一次一个人过马路时，战战兢兢的心情；我们站在母校门口，想起第一次背书包上学时的兴奋；我们去看老房子，想起在这里玩过的皮筋、跳房子、扔沙包、过家家。我们坐在办公桌前，坐在校园里，回想当时的自己，是一副什么样的调皮模样。而今已是物是人非，该不该欲语泪先流呢？也只能轻轻唱叹一声，童心未泯呵。

未泯童心才好呢，怕的就是连回忆这件事都懒得再重复了。现实的生活像个巨大的雪球，越滚越大，把我们完全覆盖在其中，如果不跳出来，恐怕停下来，连自己在做什么都会遗忘了。人不能迷失，人必须理智和清醒。

明朝李贽有云："夫童心者，真心也；若以童心为不可，是以真心为不可也。夫童心者，绝假纯真，最初一念之本心也。若夫失却童心，便失却真心；失却真心，便失却真。"童心不能失去，这是做一个真性情人的需要，也是做一个健康、快乐、长寿之人的需要。因此，莫让失落的童心搁置，在这个纷繁复杂的世界中，请把你那颗心，深深地根植在童趣的沃土里。这时，你的肩膀不会再如此沉重，你的生活将不再苦痛。心理学家曾说过："人是最会制造垃圾污染自己的动物之一。"的确，清洁工每天早

218

上都要清理人们制造的成堆的垃圾，可是有形的垃圾容易清理，而人们内心诸如烦恼、欲望、忧愁、痛苦这些无形的垃圾却积压如山，不得其解。原因是，这些真正的垃圾反倒被人们忽视，或者，出于种种的担心与阻碍不愿去扫。譬如，太忙、太累；或者担心扫完之后，必须面对一个未知的开始，而你又不确定哪些是你想要的。万一现在丢掉的，将来想要时却又捡不回来，怎么办？

去找找失落的童心吧。丢在海边？丢在旷野？丢在当年的小屋子？人生道路漫漫，时刻能找回那颗童心自我劝慰，才能够让自己随时调节，随时修整，用最好的心态和最纯真的笑容去面对生活中任何琐事。你可以做些疯狂的事情、幼稚的事情，可以嘲笑自己的不理智，但是你的心情是明朗的、没有负荷的，那才是真的解脱和放松。

想想当年呵，你就坐在那里笑，难过的时候，就放声大哭。没人给你随时评分，也不用随时自我审视。自由如初，童心最美。

"童心未泯"可做的事

1. 跟小孩一起看动画片

动画片是每个孩子的生活组成部分之一，当年我们也是这样看着大风车看着动画城，收集着神奇宝贝，看着哆啦A梦，笑着猫和老鼠一路走来的。那个时候电视是最好的"革命伙伴"，常看的频道都能背出来，那时候喜欢一个动画人物，就想把文具盒书包铅笔，统统换成那个样子。现在你看动画，别人笑你幼稚，也无妨，坐下来跟孩子们一起笑。

2. 去沙滩捡贝壳垒"碉堡"

最有趣的活动不一定是玩具，也不一定就是游乐场，去沙滩踩着沙子的孩子们脸上的笑容多阳光，能痛痛快快听一次海浪也是美好的事情。

玩水、捡贝壳、垒沙堡、"埋人"，都是童年小伙伴之间的游戏。如今大家都已经分散各地，也找不回一块儿玩的人，便自己去沙滩上走走吧，重新玩玩当年的游戏，自己对自己笑虽然有那么点儿傻，却很真实。

3. 荡秋千

孩子时似乎总是没缘由地喜欢荡秋千，风的声音吹在耳边格外动听美好，有时候有小伙伴帮着推一把，荡得更高、更有趣。秋千旁边常常附带有滑滑梯，但是抢得到秋千的通常就对滑梯立刻丧失了兴趣。一个人晃啊晃的，在很安静的地方，好好享受那种简单的快乐，是不是久违了？有没有些淡淡的无奈的感觉？不过终究能有机会重新去回归一次，也知足了。像孩子一样飞，飞得越高越好，飞得像梦想一样高，飞得像记忆一样高。小时候的梦跟着秋千溜走了，现在我回来找，找到了过去的那个自己，就幸福得想笑。

4. 玩一些小游戏

年幼时，最开始玩电脑，就是小游戏的天下，从小霸王到电脑上网，拿着游戏机玩俄罗斯方块，到鼠标玩牛牛游戏，后来，忘记是否有段沉迷网络的时间，好像一直躲在屋里任爸妈说教，然后收敛。那些小游戏早就不玩了，现在玩，总好像多了份闲情。是啊，从前有大把大把的时间可以挥霍，小的时候，年幼的时候，可以玩，可以闹，偶尔任性。现在不行，现在的自己，只能克制着做其他事情的欲望，做好本分，抓紧可以休息的时间，小憩一会儿，养养精神，好像很是匆忙。停下来玩早已激情全无的小游戏，虽然幼稚，但有童趣，好像握着鼠标的还是当年的那个小个子的自己一样。回忆总是美好。

其实当我们流连的时候，沉溺的时候，无奈的时候，内心都还有个本初的自己——那个怀揣着童心的孩子，在回忆里，对自己微笑。

找个机会，帮朋友搭一根红线

很多人不一定读过《西厢记》，却一定知道那句"愿天下有情人终成眷属"的金玉良言，也一定知道那里面有个能言善辩、热心仗义的红娘，为了促成张生和崔莺莺的美满姻缘而尽心尽力。也许爱情的浪漫是只属于两个人的，但爱情的幸福却像花香一样，会弥漫在空气里，令身边的每一个人心旷神怡。怕是这个世界上自从有了爱情，就有了红娘吧。做红娘的快乐是双重的，一方面是愿意被两人之间的幸福甜蜜所感染，另一方面便是通过自己的撮合使一对有情人成了眷属的自我满足。如果，这相爱的两个人当中还有一个是你的朋友，那么你的兴奋与快乐更是无法形容了。所以，何不找个机会，为你的朋友搭一根红线，体会一下做"红娘"的乐趣与意义。

你不需要考虑什么结果，成与不成不是人力所能控制的，只要你是怀着一颗真诚善良同时又是认真负责的心去做这件事情，即使他们最终没有成为爱人，也无须背着这个心理包袱。重要的是去体会这个过程的乐趣：平时大大咧咧的好朋友这时怎么变得这么淑女，看来真是人不可貌相；不知哪句话让她羞红了脸，红得好像那熟透了的西红柿，回去要好好地打趣她一番；他和她要第一次约会了，兴奋地跑来告诉你这个头号大功臣，那紧张激动的神情就像即将打开糖果盒又不知道里面有些什么口味的小孩儿……你会发现，原来做红娘有如此多好玩的事情，快乐是源源不断的。同时，你会更加了解你的朋友，友情也会变得更加根深蒂固。生活的乐趣和意义就在他们的幸福中得到体现。说到这儿，还不赶快开始为你的好朋友物色一个合适的人选！

牵线小技巧

安排第一次见面，千万别告诉朋友是给他（她）介绍对象，只是说介绍朋友大家认识认识就好。在轻松的氛围中，让感觉顺其自然地产生，不管是二人有好感也好，没有任何感觉也罢，至少不至于尴尬。成功了，你们三人皆大欢喜；不成功，大家也都没有失去面子，更不会产生嫌隙，以至于连朋友都做不成。

既然是帮朋友搭红线，自然不能抢了主角的风头，你的穿衣打扮、言行举止都要注意。这就有点像伴娘和新娘的关系，如果把新娘比喻成一朵绽放的玫瑰，那伴娘就最好是一朵含苞待放的蔷薇。你有你的美丽，只是这时最好把舞台的中心留给你的好朋友。不然不仅白白张罗了一场，甚至落得个费力不讨好的下场，这一定不是你想看到的结果。

给好朋友介绍的对象一定要是你知根知底的人，对方的性格好不好，是不是能够担当，懂不懂得孝顺父母，等等，这些都是必须了解清楚的。做红娘不仅需要一副热乎心肠，更需要一颗懂得责任与尊重的心。这样，即便没有成功，你的朋友也会感激你的好心与体贴的。

虽说是好心好意替朋友牵线搭桥，但也不要因为没做成而不高兴甚至在心里责怪他辜负了你的一片好心。毕竟爱情是两个人的事情，不是"红娘"热心撮合就能成的。他和她是一回事，你和你的朋友又是另外一回事，千万不要因为媒没做成而伤害了朋友之间的感情。

你不知道的明星"红娘"

1.明星"红娘"：成龙

搭线成果：钟丽缇＋申俊贤

　　成龙大哥不愧是演艺圈的大哥，他不仅热心公益事业，而且也很关心朋友们的感情生活。曾经就要报道说，早在1999年《东方魅力》所举行的一次新年派对中，成龙就介绍了同被邀请出席的钟丽缇和韩国男星申俊贤互相认识。二人从此产生好感便有了后来的爱情故事。

2.明星"红娘"：王朔

　　搭线成果：冯小刚 + 徐帆

　　当年冯小刚追求徐帆的时候，远不是如今这个名声赫赫的大导演，那时的冯小刚还只是个剧务，而徐帆可是中戏美人。多亏了王朔帮他牵线搭桥，百般帮忙，不仅给他们创造见面的机会，还给冯小刚支了不少好招，这才成就了这段娱乐圈的美好姻缘。

以自己的名义种一棵树，并看着它渐渐长大

植物总是很容易感染人，但人关注的往往只是路边伸出枝干遮凉的树荫，烦躁时让我们心静的森林。往往每天从那道上走过，却在某一天不经意转头，才见新的树苗已经长到齐肩那般高了。我们也只是欣喜罢了，往往忘记了它奋力生长的过程。

人也是这般长大的，有人呵护，有人照料，然后勇敢地倚靠想要成长的决心，破土而出，奋力长大。人也是这般，当你外出回家，见到某个邻家小孩，也会感叹：呀，已经那么高了。成长的结果很容易被注意，成长的过程却总是疏于关心。

尝试一下，买一株小树苗，找一块地，以自己的名义小心种下，每日为它浇水施肥，每日为它记几笔日志。过几天，过几个月，再过几年，每日看看它，跟它一同成长。长高，抽出新芽，出现绿叶，根枝变壮，每一个细节都不要错过，这样每一次成长中出现的新的变化，定能让人欣喜万分。

一段时间过后，翻看每日记录的日志，回顾每一天悉心呵护的心情，骄傲地看生命的生根、苗壮、繁盛。当我们对一件事物投入全心的关注，就会关注她每一刻的细微变化，留意它逐渐发展的过程。这归属于自己的生命，随着自己的生命旅程一同前行，就像是我们本身的一部分，浇灌它的不仅是水、养分，更有我们内心最真诚的呵护。

守护一件事物是每个人必须要学会的事情，多年后自家后院的一抹

清凉若是自己亲手栽培，细心观照而来，这该是件多有成就感的事情。多年前你兴冲冲买了一株幼嫩的树苗，小心翼翼植入土里，浇上水，施了肥，满怀期待地等着它长大；多年后你已经看了它那么些年，你眼里满是对它的爱怜。这些年你也许曾经想过放弃，也许曾经觉得疲惫，但看那逐渐粗壮的树干和嫩绿的叶片，你内心又是无限的满足。

不仅仅是生活的小情趣而已，更有满怀的一份责任和对生命的崇敬。当你以自己的名义将它的生命与你紧密联系时，就注定不能放弃它。春天来了，它奋力生长；夏天来了，它奋力繁盛；秋天来了，它落了一地黄叶；冬天来了，你奋力为它防冻，让它安然度过严寒。你眼看着它那样努力地盛放它生命的激情，你又怎能忍心放弃它呢？

牵动你的不仅是那绿叶，更是生命之躯的伟岸。

植树的方法

1. 挖一个树坑。注意垂直挖掘，树坑容积要大于树根球的大小，以保证根系的舒展。如果树坑周围的土很硬的话，那么树坑的容积也应当要更大一些，最大可达到树根球大小的两倍。

2. 清理石块和垃圾，放入树苗。在树坑中放入树苗时要注意将树苗扶正，之后往树坑里填土，填埋一半之后，可将树苗略微地往上提一下，这样就可以使树根完全朝下。填土时一边还要将土踩实，排尽空气，保证树苗能够扎根。

3. 由于在填土的过程中不可能将土踩得特别严实，因此为避免浇水时树穴会形成一个大坑，可在树干周围适当地多加一些土。另外，还要在树的周围用土培一个圆形土坝，用以蓄水。

4. 在树周围铺一层树叶之类的覆盖物，减少水分蒸发。但覆盖物需要离树干一定距离。

5. 给树木浇水。在树根部位将水缓缓倒入，直到土面满溢。

6.后期养护。将树木成功植入后，后期的养护更是不容忽视。除了坚持每天浇水之外（有条件的话，施些农家肥则更好），还要随时关注它的状况，冬季注意防冻工作的充分。

树木的分类

1.**按生长类型分**：乔木类、灌木类、藤木类、匍匐类。

乔木类树形高大，可达到6至10米高，高达的主干可以用以区分；灌木类则相反，树形矮小，主干底矮，通常6米都不到；藤木类是指能缠绕或攀附其他物体向上生长的木本植物，例如爬山虎等都属于这一类型。匍匐类则是干、枝等均匍地生长的木本植物，典型的有铺地柏等。

2.**按对环境的适应能力分**。

环境因素细分有：热量因素、水分因素、光照因素、空气因素。根据对热量的适应力，树木可以分为热带树种、亚热带树种、温带树种和寒带亚寒带树种，根据水分则分为耐旱树种和耐湿树种，根据其耐旱和耐湿的能力还可继续细分数级。从光照上来看，树木可分阳性数、中性树、阴性树。而按照空气因子来分，又有抗风树种、抗烟害和有毒气体树种、抗粉尘树种和卫生保健树种。而对于土壤的喜好不同，又可分为喜酸树种、耐碱性树种、耐瘠薄和海岸树种。

3.**按树木的观赏特性分**：形木类、叶木类、花木类、果木类和根木类。

4.**按树木在园林中的用途分**：独赏树、遮阴树、行道树、防护树、林丛类、花木类、藤木类、植篱及绿雕塑类、地被植物类、屋基种植类、桩景类、室内绿化装饰类。

目前，世界上共有植物五十万余种，涵盖了灌木、乔木、草本植物等，其中，中国就拥有八千多种树木，位居世界第四位，仅次于巴西、印度尼西亚和马达加斯加。

为家人和爱人烘焙一盒"爱心饼干"

记得曾有一部韩国电视剧《我叫金三顺》风靡一时，每次看到金三顺从烤箱里端出刚出炉的点心，是不是闻到了那暖人的甜香？尤其是当那份点心是专门为男主角而做的时候，三顺心中的那份幸福感早就从屏幕里溢了出来，连看电视剧的我们都感受到了。这时，我们大多数人都会突然冲出一股想成为一个糕点师的冲动，想象着自己熟练地打着鸡蛋，麻利地和好面粉，做出各种精致的造型，什么小动物小植物的团，或者桃心或多角星，好不心灵手巧！你的那个糕点师的梦想，今天就让我们一起来完成吧——为家人和爱人烘焙一盒"爱心饼干"。

虽然我们的年龄会随着岁月的流逝而增长，但事实上有一个小孩始终住在我们心底，一颗天真烂漫的童心随时准备着为慢慢长大的我们发现生活的美好与快乐。在制作点心的过程中，要制作什么样的口味，捏出什么样的造型，使用何种斑斓的色彩，都由你自己决定，就像小时候玩过家家一样任性而为。现实生活条条框框太多，这也是一种不错的放松方式。更何况，这份点心还是为心爱的人做的。想想看，当你捧出香喷喷的糕点，还没走出厨房，他们就大叫着说"好香"，像小孩子抢糖果似的迫不及待地抓起一块张嘴就咬了一大口，在嘴里慢慢地嚼细细地品味，然后喜悦与赞美就像阳光一样洒满了整个屋子。这时的你肯定很有成就感。

那就挑个阳光灿烂的周末，把心爱的人聚在一起。他们在客厅里谈天说地聊得不亦乐乎，你在厨房哼着小曲做着点心也是忙得心满意足。一会儿工夫，变魔术似的端出色香味俱全的各色糕点，然后大家就坐在一起，慢慢地品尝幸福的滋味。

几种爱心点心的做法

1. Cherry Clafoutis（樱桃克拉芙蒂 / 法式樱桃烤布丁）

Clafoutis 是一种传统的法式点心，味道介于早餐的松饼和布丁之间，但是比松饼有更浓郁的蛋奶香味；又因为面粉多的缘故，口感又比布丁实在。也就是说，它可是集中了松饼和布丁的双重美味哦。而 Cherry，由于和 Cherish 读音相近，所以当你送出一份关于樱桃的礼物时，你同时在告诉他，你很珍惜他！这样一款美味又有深意的糕点，你怎么能不做给家人和爱人品尝呢？下面就奉上 Cherry Clafoutis 的做法，非常简便的。

原料：（坚果）杏仁 50g，中筋面粉适量，一小撮优质海盐，白砂糖（按口味而定量），鸡蛋 2 个，鲜奶油 250 ml，新鲜的樱桃 300g，无盐黄油适量（融化抹烤盘用）。

做法：首先把杏仁放到搅拌机或食物料理机里打碎成粉，再把杏仁粉和盐、糖、面粉均匀混合。之后依次加入鸡蛋和鲜奶油，不停地搅拌直到成为光滑流畅的面糊。把烤箱预热到 190 度，然后再在烤盘抹上融化的无盐黄油。先将樱桃放入烤盘中，再倒入面糊。以 190 度的温度烤约 20 分钟，这款美味的小点心就大功告成啦。

Tips：（1）要是觉得和面麻烦，也可以直接用适量蛋糕粉和泡打粉混合代替中筋面粉。

（2）烤盘底也可以垫上其他的水果，比如苹果、黑莓什么的，视你的口味而定。

（3）最好把做好的面糊放冰箱冷藏过夜或 24 小时，这样烤出来的风味最棒。

（4）樱桃不用去核，樱桃核烘焙过后有种杏仁的味道。

（5）放凉后再吃，樱桃会恢复甜甜的味道，热的时候是有点酸的。

2.提拉米苏

关于这款点心的故事有很多版本，点心里所蕴含的"勿忘我"和"带我走"的含义，最适合说给心爱的人听了。

原料：马士卡彭乳酪250g，可用其他乳酪代替，手指饼干适量，蛋黄3个，蛋清2个，酒（VIN SANTO，MARSALA，白兰地或者朗姆酒均可视个人喜好而定），黑咖啡，可可粉，糖。

做法：首先将蛋黄和蛋清分开，在蛋黄中加入糖后用打蛋器打匀，只要看不到糖粒儿就可以了。一点点地加入马士卡彭乳酪，搅拌均匀。然后在另一只碗里打蛋清，一直要打到蛋清呈糊状，即使把碗倒过来也不会掉出来为止。把打发的蛋清一点点地加入到先前做好的乳酪里，搅拌均匀即可。然后把黑咖啡和酒混合，手指饼干的两端分别蘸一下，蘸好后，把饼干放入刚刚混合好的乳酪蛋糊里，混合均匀，再放进冰箱里冷藏一晚上就可以了。

3.燕麦提子饼干

原料：无盐黄油80g，糖粉80g，鸡蛋1个，全麦面粉200g，燕麦片50g，牛奶20g，提子干50g，朗姆酒。

做法：把提子干放在朗姆酒中泡软。鸡蛋打散，黄油软化后加入糖粉打发，再分成几次加入打散的鸡蛋液并拌匀。然后倒入燕麦片、全麦面粉、泡好的提子干和牛奶，搅拌均匀。将面团分成小圆球，做成一块块饼干的形状。在烤盘上铺上锡纸，放上饼干。烤箱的温度设置为180度，先预热10分钟，然后把饼干放入烤箱，烤约20分钟饼干表面呈金黄色泽即可。

Tips：（1）朗姆酒可用清水代替。

（2）做面团时，可以在手上涂上一些油，可防止面团黏手。

（3）提子干放在饼干表面使这款点心更好看，但经过高温烘烤，表面的提子干容易烤煳，导致焦黑且带苦味。所以，把提子干混进饼干中是不错的做法。

用涂鸦的方式，给10年后的自己写一封信

　　你有没有想过10年后的自己会是什么样子，和现在的你比起来，是不是更成熟、更稳重或者恰恰相反，更幽默、更具有童心童趣？而假如真的到了10年之后，你回忆起10年前的自己又会是什么感觉，是揣着时光荏苒、韶华不再的郁郁寡欢，还是尽力打拼后无怨无悔的心满意足？不管10年后的自己是个什么样子，你都会很乐意收到10年前自己写给自己的那封信。

　　这封信，其实是对这10年的一个印证。没有谁的聪明能够高过时间，它用足够的耐心教会我们人生的真相和意义。10年之后，打开那封信，也是对这10年的一次回顾。看看你当初的想法有哪些是对的，又有哪些是由于生活经验的缺乏而形成的管窥之见。然后，你便可以重新整理一下行囊，以更开阔的眼界、更豁达的心胸，踏上另一个阶段的人生之旅。

　　写信时，你就是你，也应该只是你。动笔的时候，你可以一边写，一边感慨，不需要像在人前那样瞻前顾后，身不由己。这封信里的爱恨情仇、喜怒哀乐除了真实之外，别无他求。卸下人前的种种伪装，不再自欺欺人。你越是放松自己，越是任性地像个小孩，写出来的东西就越是来自心灵深处，仅仅是这份"真"就足以感动10年后的自己。因为自己想听到的是10年前的那颗灵魂最真实的表达。所以，以涂鸦的方式来写这封信，是最好不过的选择。没有人强迫你不得不写下什么或者禁止写下什么；没有人要求你必须在多少时间内写出几千几万字；更没有人逼迫你用

什么信纸，选择什么颜色的笔。只要你喜欢，你爱怎么写就怎么写，这本就是一次宣泄、一次释放。

你和 10 年之后的自己对话，说的都是心里的悄悄话。信里可以写上此时的你深陷其中的困境，可能是经济危机，也可能是自我的迷失。怀着极度沮丧的心情，就好像行走在长长的黑暗隧道里，渴望看到出口处的阳光。让现实的挫折和内心的痛苦流诸笔端，也是一种不错的减压方式。其实你明白的，在经过了 10 年之后，你再来看此时此刻的自己，会发现，现在以为迈不过去的坎、熬不过的难，还是能够被你一点一点征服的。那时的你是否已经并不只是喜欢阳光，还早已经磨炼出了一双能够适应黑暗的眼睛，随时准备看见黑暗中隐藏的美丽？ 10 年之后，你将惊喜地看到自己的坚强。

可能你最想告诉那个自己的是此时正在经历的爱情。你和恋人有甜蜜得如胶似漆的时候，也有激烈争吵以致冷战了好久的日子，把这些写进信里，既是为了 10 年之后的回忆，也是为了镌刻下一个"执子之手，与子偕老"的诺言。10 年之后，你将幸福地发现爱情的真谛。

你还可以告诉自己，亲爱的爸爸妈妈这么多年来为你付出一切并且始终无怨无悔的爱，告诉自己一定要抓紧时间来孝顺父母，让他们安享晚年。10 年之后，你会欣慰自己并没有树欲静而风不止，子欲养而亲不待的遗憾。

你还可以告诉自己现在工作中的顺心或烦闷。在岁月的流逝中，你的理想是正在一点一点变成现实，还是相隔得越来越远？ 10 年之后，来一次验证，看看你是实现了理想，还是改变了初衷。

你可以写进信里的东西有很多，但这些都源于你的生活、你的内心世界，不一定能够感动别人，却肯定能够打动自己。10 年之后，读着这封信，你将再一次感受到当时的激动或者平静。可是或疼痛或幸福的感觉已经不如深陷其中时那么强烈，但这样并不是说你的心灵变得迟钝，而是因为你终于有了宠辱不惊的从容和气度。你完成这封信的涂鸦，其实终极目的只是要告诉自己，不管是现在还是未来，你都要过得幸福。

写给 10 年后的自己

From：我自己内心深处

To：10 年以后的我

10 年以后的那颗心

10 年以后的我

你好吗？不知道你是在怎样一种心情下打开这封保存了 10 年之久的信。不知道，那时你在哪，那天的天气好吗，还有你的心情也好吗？希望你这 10 年过得开心。

有哪些话是需要你在 10 年之后还得重温一遍，这是个难题，以致一时之间我不知道应该如何下笔。但是，我转念一想，随便写点什么吧，就像涂鸦一样乱写乱画，流露出来的兴许恰好就是潜意识里最真实的自我。

此时此刻的我，身体健康，每天的生活没有明星那般的光芒四射，只是平静而安稳。但这平静和安稳终究只是表象，我要告诉你的是我内心深处的不安和挣扎。因为我厌倦了今时今日的这种生活方式。每天什么时候起床、什么时候吃饭、什么时候休息，不是由自己决定的，而是被永远也做不完的工作主宰着。而最大的问题是，这份工作与我的理想其实没有关系。我只是一只被不停抽打着的陀螺，在一圈一圈循环往复的旋转中迷失了自我。唯一清醒的是，我知道这不是我想要的。我要做的就是以现在暂时的妥协慢慢积累起将来一飞冲天的力量。希望 10 年之后，你正是今日我理想中的自己。

最后，祝福你，祝福我自己。

珍藏一件对你来说很有意义的物品

　　相遇是不期而至，离别也是出人意料。当崔护看到那人面桃花的女子时，也许两个人都生出一种三生有幸的感慨。虽没想过天长地久，但也万万想不到仅仅一年之后，伊人就不知所踪。时间留给崔护的唯一的东西就是那依旧笑春风的桃花，不知道是在嘲笑人的似水流年，还是好心好意地供他缅怀。但不论怎样，好在他总还有一样可以寄托他真情切意的东西，至少他还可以凭着这对他来说意义非凡的桃花记起当初，睹物，思人。

　　人的一生说长不长，说短也不短。我们或许有足够的时间去经历，或许才刚匆匆一瞥便不得不离去，唯一能够肯定的就是，任何东西都抵不过时间——人会老，情转淡，心易衰。所以，我们需要时刻提醒自己，不要忘记那时的真、那时的爱、那时的痛彻心扉、那时的喜极而泣。人生因为有了记忆，才不致苍白。你的心也会因为那些铭记，更容易时刻保持年轻与鲜活。很多时候，我们都会把自己的感情凝聚在某件物品中，因此这件物品对你来说具有不同寻常的意义。你会在那里面寄托着自己或者他人当时的感受与情谊。这件物品，值得你珍藏，因为那些已经成为过去的岁月值得你回忆。其实，珍藏的是一份过去的记忆，珍惜的是一段即便疼痛也很美丽的人生。

　　也许是你学会走路那天，妈妈兴奋地给你拍的照片；也许爸爸会不顾妈妈的反对，偷偷给你买武侠小说，这是你们之间带着坏笑的小秘密；

也许是祖母去世时留给你的那个银镯；也许是你童年的某个玩具；也许是好朋友在你生日那天送给你的一本相册，里面贴满了你们在一起的点点滴滴；也许是恋人送给你的一枚戒指，不在乎戒指是否贵重，只在乎和它一起放在你手心里的那颗真心；也许是……一生中有那么多值得回味的人和事、景和情。亲情、友情、爱情……它们赋予了某件物品别样的意义，你珍藏着这件物品，其实是在珍藏着那一世美好的感情。

这件很有意义的东西不一定非得是实物，它同样可以是一首表达你喜怒哀乐的歌，一幅别人充满诚意地送给你的画，一场你和某个重要的人去看的值得纪念的电影。这件物品是什么形态并不重要，重要的是它里面盛放着你的真情实意。

随着时间的流逝，你可能会因为工作的繁忙、生活的琐细而暂时忘记了曾经的某个人某件事。但是，当你不经意间看到自己珍藏的那件物品时，当时的人、当时的景便仿佛都穿越了时空，朝你微笑着款款走来。于是，往事一一浮现。你想起当时一些人的好与不好，想起当时的自己正经历着的悲欢离合，想起当时那段生活的五味杂陈，内心依然会悸动。可是现在的你在经历了沧桑岁月的洗礼后，已经不再年少轻狂、不再愤世嫉俗。此时此刻重新想起曾经的点点滴滴，你是否变得更豁达，变得更懂得珍惜幸福了呢？情感，因你的珍藏而历久弥坚；岁月，因你的纪念而刻骨铭心。

珍藏的，怀念的……

我心爱的笔袋

在我的书包里，有一个伴随我度过五年学习生活的笔袋。虽然因长时间磨损，笔袋里面已经损坏，但是我一直珍惜它、爱护它。

笔袋上的图案内容丰富多彩：黄色的小鸟"叽叽喳喳"地展翅高飞，在前面带路；中间，熊妈妈骑着三轮车，载着她可爱的宝宝，兴致勃勃地前进；后面，两只小鸭子举着花伞，一摇一摆地走过郁郁葱葱的树林，穿过开满鲜花的草地，匆匆地赶路。它们或许是要参加什么重大盛会，所以才那样喜悦，走得才那样匆忙，打扮得那样漂亮。

打开笔袋，里面躺着一支闪闪发光的钢笔，镀金的笔壳上刻着精美的图案。一支使用方便的自动笔则静静地躺着。还有一个最小的橡皮，它向来本分、规矩，是"兄弟姐妹"最喜欢的伙伴。

笔是学习中的一杆枪，没了笔，便无法学习。笔袋，帮助我保管好它们；每当我考试取得好成绩时，我总是高兴地看着我的笔袋。因为好成绩里也有它的一份功劳。

给需要你帮助的人帮一次忙

中国自古就有孟子的"出入相友，守望相助，疾病相扶"，互帮互助的美德代代相传，遗憾社会的发展往往不遂人愿，即使相信人性本善，也依旧不免会常常失望至极。生活节奏加快，工作愈加繁忙，人情交际愈是淡漠。这时我们不妨停下手头的工作，放慢步伐，环视下四周，看看有没有需要帮助的人，然后慷慨地伸出双手去做一些自己能够去做的事情。

你可以沿街行走，搀扶一位蹒跚的老人回家，送一个迷路的孩子回家，捡起地上的一些瓶瓶罐罐，给问路的陌生人指路。走进餐厅，你在靠窗的地方坐下，看到要饭的乞丐，给他们一点钱，或者买一碗饭，你走到邮局，帮一位不识字的老太太写好信封、粘好邮票，寄给她牵挂的子女。你也可以，帮忙修剪伸出铁栅栏的枝叶；你还能偷偷地，在下雪的早晨扫完邻居门前的雪，在下雨的时候，给困在办公室的朋友送把雨伞。

你尽可以悄悄地做这些事情：走路的时候，放慢脚步，不戴手表，多看看周围的人；散步的时候，带袋子，顺便弯弯腰，把路上的垃圾清除完毕。起床出门，给不开心的人打个电话说一声早安；下班回家，给失眠的朋友发个简讯，"睡前一小时一杯牛奶"。当你微笑的时候，真心希望全世界都一起微笑，这样你的笑容就会有打动人心的力量了。

其实这些小事，每个人，每一天都可以去做。每天目光所见的那些人中总有需要帮助的弱者。当你踏着轻快的步伐享受舒适的心情时，把你的好运带给其他人，那该是更令人高兴的事情。被帮助的人，则会感激于你的慷慨付出，对你充满善意地微笑。这微笑，就是最珍贵的收藏了。某天心血来潮，想想 365 天，你能收到多少微笑，大概会觉得心里满是甜蜜的满足感吧。

当然付出并不一定会获得回报，每次做一件小小的事情，就在心里默默地肯定自己，慢慢成为一个积极向上的、自信的人。要知我们存活于世并不是为得到别人的肯定而坚持，而是为自己对自己的认同和肯定而去做对的事情。人生最美好的感动不是收藏，是给予。

《猫的报恩》（动漫推荐）

故事由一个早晨开始。17 岁的高中二年级学生小春，在这个早晨窘迫连连，先是睡过头急匆匆跑出家门，在路上丢了鞋以至于上课迟到，到教室的时候被老师批评。这件事情本不算什么，却因为暗恋的男生看到了这一幕而郁闷万分。

放学回家路上，小春意外救下了一只差点被卡车轧到的猫，令她惊讶的是，这只猫站起来，彬彬有礼地向她鞠了一个躬，然后便神秘地消失了。自此，奇怪的事情就接二连三地发生了。夜里，猫王乘坐着猫车，在猫方阵的保卫下来到小春的家门口。小春这才知道，原来她救下的猫竟是猫王子。自此猫王国将她视为恩人，开始"猛烈"的报恩行动——家门前长满了猫尾草，学校的储物箱里堆满了"包装"起来的老鼠……还没等小春反应过来，猫秘书又出现，小春迷迷糊糊答应做猫王妃。

正在关键时刻，小春听见遥远的地方传来一个温柔的声音："小春，快到猫咪事务所！"——这样，她跟随那声音，找到了白猫木塔，见到了猫男爵，并与它们一起开始了神秘又艰难的旅程。

小春进入猫王国以后，狡诈的猫国王已经开始有条不紊地准备她与王子的婚事。木塔被困住，小春被变成猫的样子，手足无措。正在这时，英俊的猫男爵及时赶到，它们得知如果天亮之前小春不能离开猫王国，她将再也无法变回到人的样子。

　　小春与木塔、猫男爵一同向出口奋力走去。在木塔和男爵的帮助下，小春挺过每一次的艰难困苦，在他们的激励下获得新生，最终回到了现实世界。

　　推荐这部动漫的原因是，它不仅是鼓励我们去倾听内心的声音，更有可爱的报恩让人动容。首先在猫王子被救下的时候，那一鞠躬虽然滑稽，却冲淡了小春这一整天的闷闷不乐，更是有猫王国虽然盲目却十分可爱的报恩"行动"。后来当小春陷入困境不知所措的时候，出现的那个温柔的声音，实际上就是后来她在猫王国遇见的那只小猫，这只小猫曾经流落街头，在几乎要饿死的时候是小春给了它食物，让它存活下来。这个温柔的声音在整个故事里，一直帮助着、指引着小春。男爵和木塔则不必多说了，在整个逃亡过程中，都是它们义无反顾的帮助，才使得小春能够逃出猫王国，回到现实世界，当然最后成为很亲密的战友和伙伴，也是毋庸置疑的了。

　　由此可见，当人与人在互相帮助的时候，也在互相关联着，互相给予着。所谓感动，不是仅仅用来收藏的，只有给予的感动才能源源不绝，一直往复流淌在心与心之间。流经更多的人，串联起不同的人生，流得更安然，更悠长。

和一位知己彻夜深谈，倾倒出你所有的不良情绪

生活这件事情，说得简单些，就是由开心的事情和不开心的事情组成的。太阳升起又沉下，一天之间就是喜哀复杂的排列组合。人的情绪是催生行为发生的重要因素，因此如何去控制它、把握它，就是自年幼之时起就在做的练习。

但是理智归理智，从感性的一面上看，情绪依旧是主导身心的重要部分。很显然，一个乐观积极的人，其工作效率和生活激情，大多比悲观主义者要高得多。也就是说，在消极情绪占了主导，或是内心太过于沉重的情况下，肢体也会做出消极倦怠的反应，头脑亦会沉溺在不理智的思维之中。

因此人才需要知己。所谓知己，就是能够让你释下防备、向其倾诉内心的人。不幸的是，因为繁重的工作，紧凑的时间表，步履匆忙，哪怕是有幸结交到知己，也往往不能腾出时间深聊几句。虽说相信所谓的默契不会错，有幸成为知己之人，必知互相都默默珍惜着，只是限于时间，限于压力，只能放弃许多能够纵谈古今的机会。但是，就如被笼子困住的鸟，我们所生活的空间，从公车、地铁，到办公室、教室，再到寝室，都如同一个个有棱有角的盒子，我们局限于各种大小的盒子里，怎么会感到自在呢？再加上周围的人群，与你真正知心的能够找出几个来呢？每个人都是一个有思想的个体，这种思想的形成从经历而来，由感悟而生，而每个个体的成长都不在一条线上，怎么苛求每个人都完全

理解你呢？

只有认定的知己，才是你倾诉的对象。有了郁郁寡欢的情绪，烦恼揪心的事情，不知所措的疑问，只有真正信赖的人，才能给你真正的安慰与帮助。

太过繁忙，很容易略过心里偶尔会隐约出现的想法和情绪，将自己驯化成为一个机械式的人，坐在堆叠的工作中以最高的效率运转，暂时逼退消极面的自己。可是，试想一个气球：在充气的过程中，它可以用一用力，撑大，撑大，撑大，接受包容那些外界的气体，将它们装起来，储存在自己有限的空间里。可是到最后，当内部的压强最终大过了外界时，它还是会爆裂。人的情绪也是一样的，我们以为我们努力一下，努力一下，就能自己消化所有的事情，但不免还是会累积成不能忍受的烦躁情绪，过一段时间，会发作，会爆裂。

因此，我们应该明白任何人都不是绝对理智的，在工作的压力下，不免会忽略了对自己内心的关注，但每隔一段时间一定要给自己一个"任性"的机会，好好与自己认定的知己深聊一次，将这段时间的疑惑、构想、不安，都倾倒出来，并在与对方的谈话中了解对方的生活、状态，珍惜和关心重要的友人、知己，并从他（她）的身上，吸收自己可以尝试的想法，学习能够汲取的经验教训，不断完善、肯定自己，"轻装上阵"。

发泄情绪的途径

给自己写信

如果，你偶尔会对友谊持怀疑态度，或者只想一个人躲起来，恢复好了，再走出去，把最好的一面留给别人，那不妨就给自己写些东西吧。写给自己的话，没有任何的顾忌，只要把心里的话都说出来，就全是最真实的自己。用最真的心写，用最认真的表情去读，写的时候记得畅快淋漓，不吐不快，读的时候记得小心翼翼，一丝不苟。当周遭没有一个人可以理解你的心情时，至少你自己读得懂自己。

读完信，再给那个悲伤的自己写一封信，像是安慰一个令人心疼的好朋友一样，努力写出安慰人的温暖的句子来。然后再认真地读那封回信，这时候，你是不是忍不住会心一笑了？心里的话都倾吐出来了，也就不那么沉重。能够自己温暖自己，也就可以重新站起来。生活也是一样的，生活的本质就是生活其本身，怎么活，全看你自己。

种一株向日葵

植物的欣赏和关护，需要心静。每天给自己一点时间静下心来照顾一株向日葵，看看这样美好，却比人要脆弱得多的生命，用心呵护它的成长，用你最温暖的心。这样，是不是能够让你的心里始终有些暖意呢？每天起床，看它朝着太阳的方向，你也抬起头，看看阳光，从前未曾注意到的美好的清晨，已经不知不觉到来了，空气微凉，阳光饱满，一天这样的开始，最是让人兴奋了。工作回家，再看一眼窗外的那朵永远对着阳光绽放的花，再看看落日，忙碌和压力结束，太阳沉落了，向日葵睡去，阳光就是它的生命。生活在充满阳光的世界里，好心情总是翩然而至的。

逛完一条马路，把该过滤的心情都过滤掉

发呆的状态是最惬意的，但是回忆时就需要释压，尤其当脑中的事物需要过滤的时候。走路是很好的状态，心情不好的时候除去其他不说，当作一种锻炼也是好的。以自己认为舒适的步调逛一条马路，最好找人少的地带，能够不让外界引起心情的躁郁便可。慢慢走，一边走一边回想羁绊自己的事情，起因结果，一点一点地想，把整件事在脑中梳理一遍，然

后吹着风，把该过滤的东西过滤干净。虽然看似很平常，但试试看一定会有效果的。尤其当你看着天渐渐暗了，人们都回家了，马路越来越空旷，你脑子里的东西也越来越轻时，你会有种正在成长的心情。成长必然伴随苦痛，但不去成长怎知生活？

参加一次婚礼，见证别人的爱情

不管你是单身还是已婚，不管你现在的心境如何，参加一次婚礼；不管对方是你的朋友或者陌生人，见证一次别人的爱情，或许会改变自己的人生态度，对爱情、对眼前的人或者对未来的憧憬。

婚礼的形式是多样的，也许是在庄严的教堂，在牧师的主持下，彼此在坚定的眼神中互换那句"我愿意"的诺言；也许是在海边，在平日所有亲朋好友的见证下，两人在海边完成一个拥吻；抑或者在乡下举办一场简约的婚礼，朴实的当地人或偶然到此旅行的陌生人献上最简约纯实的祝福，不需要盛大的排场，不需要华丽的服装，新娘素面朝天，新郎腼腆地牵着她的手，就这样直到天荒地老。所以不管你身在何处，带着美丽的心情见证别人的爱情，去理解婚礼的意义，虽然有时它被看作是一种形式，但却饱含着爱的宣言与承诺：宣告携手走入婚姻殿堂；承诺在今后的日子里共担风雨，至死不渝。

我们不妨安静下来，仔细想想这么多年忙碌的生活，曾忽略过什么，不如就在此刻，重温旧时的梦，不被时间约束，不被现实困扰，重新遥想爱的意义，回味爱情悠长的滋味。

不如一边编织梦想，一边拿起笔记录下来，也许将来会实现也说不定。见证别人的婚礼就正如审视自己的过往与将来，我们也许像听故事一样听完新人们的爱情宣言，不管它是承诺，还是言谢，或者是对未来的憧憬，但是至少在那一刻我们能感受到爱情的神圣，不带私欲。带着欣赏的心态去借鉴这场婚礼，正如观看一场电影，回到家中的你，不妨记录一下此次婚礼有哪些优点曾触动过你，思考一下不足之处，用来纯粹的借鉴。

其实不管你参加什么样的婚礼，你总会被那"仅有一人爱你如朝圣者的灵魂与渐渐老去的皱纹"所感动。浪漫总会成为往事，见证爱情，何尝不是在见证"执子之手，与子偕老"的开始。

创意婚礼日记

6月6日　朋友婚礼

被宴会上的小篮子所吸引，后来才知道它的作用，是用旁边已经准备好的纸和笔，让客人写下关于婚姻和家庭的建议，婚礼结束后把它们贴在一个本子里，作为你们婚后生活的参考。

8月6日　旅途中偶遇

今天路过一个很有标志性的建筑，偶然观看一场婚礼，他们就选择在这带有标志性的建筑前举行婚礼，我突然想起每天都会路过的公园，也许我也会在那里举行婚礼。携带着对往昔生活的依依不舍，也满怀着对未来生活的憧憬，让这个地方成为承载自己一生回忆的宝地。如果喜欢还可以在这里一并记录下真实自然的婚纱照片。

9月2日　大学同学婚礼

参加大学同学的婚礼感触颇多，他们两个是青梅竹马，我被新娘在婚礼上宣读自己的恋爱日记所触动，我想新郎一定非常想知道新娘最初是怎样看待自己的，让新娘在婚礼上宣读自己的恋爱日记，让宾客和新郎一起体会一次美妙的恋爱经历，把最纯真的情感勇敢表达出来。

陪正在经历痛苦的朋友，在黑暗中坐一会

　　真正的朋友，不只是共享快乐，还要共患难。虽然，也许朋友的痛苦你无法去帮忙承担，但至少，一句问候你还可以送到，其间传递的温暖和安慰也许是你自己都无法想象的。

　　朋友正在痛苦中，一时间可能找不到合适的言语和行动来安慰，可是千万别懊恼地走开，因为一个人痛苦时的脆弱，是任何人都无法想象的。这个时候，需要我们的力量来支撑，其实，并不需要你做什么具体的事，因为也许做什么都是无济于事的，事情已经发生，就让它在时间的流逝中淡化，也许这是最好的办法。但作为好朋友，我们不能什么也不管，静静地等着时间的流逝。

　　如果你不在朋友身边，打个电话跟他说一句："我在想你呢，希望你快点好起来。"安慰一个人，不能简单地说，一切都会好起来的，或者一切都会过去的。虽然这是事实，但会让人觉得你看轻他的痛苦，倒不如说："我知道你很难过，如果是我，也很难扛过去。"这表达了你的重视和理解。也不要轻易说，你一向都是那么坚强，这会使对方为了不使你失望，而不愿在你面前表露他的痛苦。相反，你应该让对方感觉到你愿意倾听和分担他的痛苦。

　　打个电话也许还显得有些肤浅，为了显出你的诚意，你可以放下电话后，亲自跑到朋友的身边，陪他度过最难过的时刻。你不需要说太多，只要静静地待在他的身边，这时最好的劝慰就是沉默，如果你的朋友心里

很烦躁，不要一个劲地去追问他怎么了，和他单独在黑暗中坐一会，什么都不要说，把房间的灯全部关掉，或者傍晚在楼下的公园，两个人坐一会；或者就坐在楼道靠近窗户的地方，两人默默相对，或者握住他的手，扶住他的肩膀，将你的力量传递给对方。这可能对于正在经历痛苦的朋友是一种最大的安慰，他知道你在默默地支持着自己。

想想正在痛苦中的朋友，多关心他们，因为有一天你也需要他们的温暖。千万别只记得和快乐的朋友一起欢笑，而遗忘还有人在暗自落泪。

那些富有智慧的甜美句子

友谊是心灵的结合。

——伏尔泰

只要莫逆之交的真情洋溢与世态炎凉的残酷有了比较，一个人才会恍然大悟。

——巴尔扎克

你不要把那人当作朋友，假如他在你幸运时表示好感。只有那样的人才算朋友，假如他能解救你的危难。

——萨迪

撇开友谊，无法谈青春，因为友谊是点缀青春的最美的花朵。

——池田大作

友谊，以互相尊重为基础的崇高美好的友谊，深切的同情，对别人的成就决不恶意嫉妒，对自己培养一种集体利益高于一切的意识。

——奥斯特洛夫斯基

得不到友谊的人将是终身可怜的孤独者。没有友情的社会则只是一片繁华的沙漠。

——培根

友谊！你是灵魂的神秘胶漆；你是生活的甜料，社会性的连接物！

——罗·布莱尔

阴险的友谊虽然允许你得到一些微不足道的小惠，却要剥夺掉你的珍宝—独立思考和对真理纯洁的爱！

——别林斯基

真正的友谊是诚挚的和大胆的。

——席勒

连一个高尚朋友都没有的人，是不值得活的。

——德谟克里特

一步一步来是做生意的诀窍，但不是交朋友的诀窍；做生意时没有友谊，交朋友时也不应该做生意。

——莱辛

那些私下和你谈到你的错误的人，可放心和他做朋友，因为他甘冒不韪。

——剌里

友谊是一个神圣而又古老的名字。

——奥维德

友谊是一棵可以庇荫的树。

——柯尔律治

友谊的本质在于原谅他人的小错。

——大卫·史多瑞

友谊是培养人的感情的学校。我们所以需要友谊，并不是想用它打发时间，而是要在人身上，在自己的身上培养美德。

——苏霍姆林斯基

友谊之光像磷火，当四周漆黑之际最为显露。

——克伦威尔

友谊也像花朵，好好地培养，可以开得心花怒放，可是一旦任性或者不幸从根本上破坏了友谊，这朵心上盛开的花，可以立刻委顿凋谢。

——大仲马

只有在患难的时候，才能看到朋友的真心。

——克雷洛夫

灾难能证明友人的真实。

——伊索

用狡计去害友人的人，自己将陷于危险埋伏之中。

——伊索

很多显得像朋友的人其实不是朋友，而很多是朋友的倒并不显得像朋友。

——德谟克里特

友谊建立在同志中，巩固在真挚上，发展在批评里，断送在奉承中。

——列宁

友谊之舟在生活的海洋中行驶是不可能一帆风顺的，有时会碰到乌云和风暴，在这种情况下，友谊应该受到这种或那种考验，在这些乌云和风暴后，那么友谊就会更加巩固，真正的友谊在任何情况下都会放射出新的光芒。

——马克思

友谊像清晨的雾一样纯洁，奉承并不能得到它，友谊只能用忠实去巩固。

——马克思

对最难以拒绝的人说"不"

面对生活中形形色色的人和事，开心的也好，不开心的也罢，一直以来，大多数人都学会了接受，无条件地、不作任何选择地接受。有时候，父母会强迫我们做一些自己不喜欢的事情，比如选择什么样的职业；有时候，朋友会勉强我们做一些内心不愿意的事情，比如要在一定程度上牺牲自己的原则来帮他们某个忙；有时候，老板也会迫使我们做很多令我们无奈的事情，比如周末放弃陪在家人身边的时间去办公室加班。谁是你生命中最难以拒绝的人，家人、朋友还是你的上司？当他们提出各种各样要求的时候，你是不是宁愿委屈自己，宁愿让自己身心疲累，也要满足他们的要求？可是，生活说到底是自己对自己负责。爱的对象除了他人，还有自己。每个人都有获得幸福的权利，你也有，当某些人已经成为你获得幸福的严重障碍时，不妨改变一直以来全盘接受的做法，学会说一个字："不"。

从小到大父母老师都教育我们要热情善良、乐于助人、舍己为人，还要学会服从、学会接受、学会忍耐。是的，这些是一个人应该具备的优秀品质，但是它们不该成为我们丢失自我以及失去幸福的原因。我们每个人都应该有自己的选择和底线，一个人云亦云、别人让做什么就做什么的人，真的很难体会到成功的滋味，因为他总是在为别人的事情忙碌，总是因为别人的选择而改变自己前进的方向。对那些最难以拒绝的人说"不"，不是要你变得自私自利或者斤斤计较，只是希望你能让自己的生活属于自己。

其实，学会对最难以拒绝的人说不，也是要我们学会如何对生活说不，这其中需要我们的勇气和智慧。那些关于金钱、权力、地位的诱惑，那些违背真实、善良、美丽的事物，都应该受到我们的拒绝。我们要的只是一段由自己来定义的生活，多多加以保留的应该是生命中的美好。

我们要享受生命的赐予，也要学会拒绝生活的附加，从肩膀上卸下那些多余的东西，让自己在生命的旅途中，可以抬起头来，享受蓝天、享受原野、享受最自在的呼吸。

生命中，我们应该拒绝……

拒绝是一门艺术

拒绝是一门学问，有些时候，我们本想拒绝，心里很不乐意，但碍于一时的情面，点了头，给自己留下长久的不快。所以，我们学好它至关重要，有利于提高我们的工作效率、生活质量。

拒绝是一种艺术，当别人对你有所希求而你办不到时，你不得不拒绝他。拒绝是很难堪的，不得已要拒绝的时候，建议大家这样做：

不要立刻就拒绝：立刻拒绝，会让人觉得你是一个冷漠无情的人，甚至觉得你对他有成见。

不要轻易地拒绝：有时候轻易地拒绝别人，会失去许多帮助别人，获得友谊的机会。

不要盛怒下拒绝：盛怒之下拒绝别人，容易在语言上伤害别人，让人觉得你一点同情心都没有。

不要随便地拒绝：太随便地拒绝，别人会觉得你并不重视他，容易造成反感。

不要无情地拒绝：无情地拒绝就是表情冷漠，语气严峻，毫无通融的余地，会令人很难堪，甚至反目成仇。

不要傲慢地拒绝：一个盛气凌人、态度傲慢不恭的人，任谁也不会喜欢亲近他。何况当他有求于你，而你以傲慢的态度拒绝，别人更是不能接受。

要能婉转地拒绝：真正有不得已的苦衷时，如能委婉地说明，以婉转的态度拒绝，别人还是会感动于你的诚恳。

要有笑容的拒绝：拒绝的时候，要能面带微笑，态度要庄重，让别人感受到你对他的尊重、礼貌，就算被你拒绝了，也能欣然接受。

要有代替的拒绝：你跟我要求的这一点我帮不上忙，我用另外一个方法来帮助你，这样一来，他还是会很感谢你的。

要有出路的拒绝：拒绝的同时，如果能提供其他的方法，帮他想出另外一条出路，实际上还是帮了他的忙。

要有帮助的拒绝：也就是说你虽然拒绝了，但却在其他方面给他一些帮助，这是一种慈悲而有智能的拒绝。

做一份自我弱点调查问卷，跟朋友一起探讨

很多人一面感叹社会的冷漠，感叹人与人之间的隔膜，一面又在朋友面前刻意掩饰自我。殊不知，社会是人的社会，想让社会变得温馨融洽，那就先从自己做起吧。

人与人之间需要的就是赤裸裸的真诚相待。真诚、坦率、机智是人生的三大法宝，恰当地运用它们，不仅可以打破困窘，而且能够真实地表达自己的诚意，成为事业和生活取得成功的得力武器。

对朋友，不用刻意掩饰，哪怕是你脆弱、窘迫的一面，这样反而能赢得朋友的信任，因为信任总是相互的。

你自己可能总在苦恼如何克服自身的弱点，那么，跟朋友一起认真探讨一下，也许站在旁观者的角度，他会有更好的建议。也许你对自己的弱点还认识得不够，你应该诚恳地请求朋友对你做一个客观的评价，作为朋友，他应该对你的弱点了解得比较清楚。当朋友指出之后，你首先必须对照一下自身，是不是真的有这种情况呢？对朋友的批评要虚心接受，因为朋友的忠告是为了帮你。

怎样克服自身的弱点，你自己应该也有见解，对朋友说出你的想法和决心，让他帮忙分析一下可行性。然后，再请求朋友给你出出主意，你也可以针对朋友的建议提出自己的看法，因为这是个探讨的过程，目的是为了最后能达到一个最佳的可行方案。

最后达成一致意见后，为了慎重起见，你最好拿出纸和笔，将以上

方案记录在册，以备行动之需。

与朋友分析你的弱点

敢于把自己最不光鲜的一面敞露给别人看，并与人剖析，才是真正有勇气完善自己的人。

人人都说，旁观者清，也许别人比你自己更清楚你的为人，尤其是你的弱点，因为自己常常由于自傲自负，而看不到自己的短处。

找一个非常熟悉你的朋友，最好是你的死党，如果你有这样彼此信任的朋友。让他今天毫不客气地指出你所有的毛病，不管用什么样的言辞，最好不要讲什么朋友的情面。你可以自己先开个头，说出你对自己的认识，对自己哪些方面深恶痛绝，而又无可奈何。然后请你的朋友对你做出评价，也许有些方面是大家对你的共识，而你自己也认识到了，而某些方面你还没有认识到，并不知道你在别人眼里是这样的。可能，某些方面你认为是自己的缺点，而在别人眼里却是优点。因此，你也不必对自己的缺点灰心丧气，如果往正确的方面引导，缺点也可以变成优点。

你的态度首先要谦虚诚恳，如果朋友说到你的痛处，可能是你平时比较忌讳的，或者有些方面是你不太认同的，你有你的解释，记住，朋友现在是在帮你，而不是在恶意揭你的短，所以，无论朋友说什么，首先都要诚恳地表示接受，并表示感谢。如果你觉得有什么委屈和苦衷，你可以心平气和地向你的朋友解释，但是，无论如何，这也表示你的某一方面在别人眼里并非如你所想的那样，这也是你为人欠缺的地方。

分析完所有的缺点，接下来该想办法改善这些缺点，与你的朋友一起出谋划策，可能很多方面是你以前想到过的，并试图去努力改正的，但是却屡屡失败。也许很多时候都是由于你的毅力不够，决心不够，那么，这次，向你的朋友发誓，表明你坚定的决心，并要求他作为你的监督者，往后督促你不断改正缺点，提高自己。

告诉某人你曾经犯过的错

人无完人，孰能无过，重要的是，对待错误的态度。有些错误，与其藏在心里，让自己堪受灵魂的折磨，不如袒露心怀，让自己的罪过有一个释放的出口。

给自己一个倾诉的机会，与其一个人在心里翻来覆去地想，不如找个人说出你的心病。当然，这个人必须是能够彼此信任、互相理解的朋友。

这件事也许伤害到了某些人，在你的心里有着深深的歉意，可能你再也没法联络到当事人，对他们说一句对不起，那么，就对你的这个朋友说一句对不起，让他代为接受，真正的好朋友是能理解你的心情的，他会代替曾经你伤害过的那个人接受你的道歉，并原谅你。相信他，好朋友会让你的心灵得到安宁。

你可以原原本本一五一十地把整件事都讲给朋友听，真正关心你的朋友会有这个耐心听你的故事，不要担心对方会厌烦你的倾诉。并相告你自从事情发生以来内心所受的折磨和煎熬，说出你的忏悔和懊恼。

说完之后，就像倾倒完垃圾那样不再回头看一眼，事情已经过去了，我们的生活还要继续，无论快乐或是忧伤，辉煌或是惨痛，都已是过眼云烟，人不能老是活在回忆里，只有不断向前看，向前走，才能让你的人生少一些遗憾，多一些坦然。

曾经的错，既然已经犯下，只要以后不再犯，懂得如何改正错误，就是成长。犯错并不可怕，只要懂得从错误中吸取教训，学会人生的道理，就可以让你把遗憾变为欣喜。

定期召开一次家庭会议

这是个个性张扬的时代，每个人都有自己独一无二的思想和见解，如果缺乏沟通，往往容易造成误解甚至关系破裂，包括亲密无间的家庭成员之间也是如此。促进家庭成员沟通的有效途径之一就是家庭会议。

最好能指定一个时间，确立一个议程，比如每周一次。不管以前有没有执行，或者根本就从来没有人提议过。但可以从今天开始，找个机会对各个成员倡导一番。有了一个好的开始，对于以后的进展会有很大的帮助。这是促进各个成员之间联系交流的好机会，每个人都可以畅所欲言，发表自己内心最真实的想法，相信大家都会欣然接受并参加。

一致通过之后，最好民主选出一个人作为会议主席，这个人并不一定非得是家长，任何一个人都可以，只要大家认为他有足够的组织才能，即使没有，这也是个很好的锻炼机会。

会议召开之前，最好能确定一下议程、大会讨论的主题，以及每个人在会上将要扮演的角色。会议开始后，主席应该能够调动大家的热情，就主题踊跃发言，还可以展开激烈讨论。如果谁对谁有什么意见，都可以在会上说出来，家庭会议，讲究的就是真诚，家庭成员之间，无须太多礼数或虚荣。当然，家庭会议的目的是促进家庭关系的良性发展，千万不可揪住某一个小问题争论不休，这点主席应该注意把握分寸，在合理争论的基础上良性发展。

会议结束的时候，主席别忘了通知下次会议的时间，并提出一些问题留作大家会后思考，并提出一些建议供大家参考。

家庭会议之主席发言辞——清理一下思想，丢掉那些包袱

定期清理自己的思想，有些积极的东西需要被唤醒，有些不必要担忧的包袱应该及时处理掉。生命如舟，载不动太多的物欲和虚荣，怎样使之在抵达彼岸时不在中途搁浅或沉没？我们是否该选择轻载，丢掉一些不必要的包袱，那样我们的旅程也许会多一份从容与安康。人生中有时我们拥有的内容太多太乱，我们的心思太复杂，我们的负荷太沉重，我们的烦恼太无绪，诱惑我们的事物太多，大大地妨碍我们，无形而深刻地损害我们。

我们的人生要有所获得，就不能让诱惑自己的东西太杂多，心灵里累积的烦恼太乱杂，努力的方向过于分叉。我们要简化自己的人生。我们要经常地有所放弃，要学习经常否定自己，把自己生活中和内心里的一些东西断然放弃掉。

仔细想想你的生活中有哪些诱惑因素，是什么一直干扰着你，让你的心灵不能安宁，又是什么让你坚持得太累，是什么在阻止着你的快乐。把这些让你不快乐的包袱通通扔弃。只有放弃我们人生田地和花园里的这些杂草害虫，我们才有机会同真正有益于自己的人和事亲近，才会获得适合自己的东西。我们才能在人生的土地上播下良种，致力于有价值的耕种，最终收获丰硕的粮食，在人生的花园采摘到鲜丽的花朵。

最近大家要么工作很忙，要么生活很累，总之心情都不太轻松。所以，我们今天的家庭会议就不妨来清理一下各自思想上的包袱，让我们这个家重新充满欢声笑语。

家庭会议之会议主题——若身体允许，每年献一次血

无私奉献是一种美，是一种从心灵深处散发出的美，它因你的沉默

而美，因你的善心而美，因你的无私而美；除此以外，为社会奉献自己的力量更是一种习惯，将这种"美好"的习惯坚持下去。所以，我们不仅要爱自己的家庭，也要爱这个社会，爱那些虽然陌生却需要我们帮助的人。

我提议，在身体健康允许的情况下，我们不妨每年献一次血，自觉自愿地去，只是为了领悟一种叫作奉献的美。

很多地方都会停有无偿献血的车，或者你可以直接去医院，让自己放松心情，抽血并没有那么可怕。据说，鲜血还能促进自身的新陈代谢，有利于健康，又可以为需要输血的病人做点贡献，想想，我们献出一点血，却可以挽救一个生命，这是多么有意义的壮举。

献完血后，按照医生和护士的吩咐，多休息，补充营养，很快你就会恢复旺盛的精力。

热血献社会，真情为他人，让爱再延伸。生命中最重要的是爱，心中有了对家庭、对社会、对他人无尽的爱，每一天都会令人神往，值得纪念。

做一次人生的配角

在我们自己的人生舞台上，每个人都是当仁不让的主角，那么我们当然应该尽量挖掘我们的潜质，展现自己的才华。可是，当我们和他人同台演绎的时候就会发现，也许有的人在某一点上比自己表现得更好，或者当自己有过人之处时也要学会藏起锋芒，韬光养晦。我们都知道树大招风的道理，如果总是锋芒毕露，过于自信过于表现自己，最后的结果可能并不是众星捧月，而是成为众人讨厌的对象。所以，有时候，我们要懂得做一次人生的配角，暂时地把光芒留给他人。自己可以站得稍微离舞台中心远一点，带着一种旁观者的客观态度暗暗地积蓄力量。做配角的人都拥有一份平和的心态，懂得什么叫作明智，什么叫作目光长远。

做人，懂得如何放低姿态，做一次他人的绿叶很重要，尤其是当我们自己各方面都如日中天的时候，更不能有心高气傲、不可一世的心理。因为一个人得意的时候，往往会被胜利或荣耀冲昏了头脑，失去了应有的冷静。这时，即使外部环境发生了变化，或是灾难即将来临，得意者却有可能全然不觉，而周围的人又因为他的目中无人不会好意提醒，以至于让自己遭受到打击或面临更大的灾难。正如古人留下的一句俗语："今天是威风凛凛的公鸡，明天呢——可能成为威风扫地的鸡毛掸子。"

所以，得意需淡然。要知道，这世间没有永远的胜利者，一个人也不可能事事占得先机。下次，当你把别人挤出了舞台，独占中心时，请看看下面这个故事吧。草地上，一只红毛公鸡和一只白毛公鸡为争夺一条小虫子而互相厮打在一起。红毛公鸡说："这条虫子归我，是我先发现的。"白毛公鸡毫不示弱地说："不错，这条虫子是你先发现的，可你别忘了，却是我先抓住的，所以，它应完全归我。"

"你抓住的又怎样，你擦亮眼睛看看，你惹得起我吗？我可是鸡王的二太子啊！"红毛公鸡说罢，猛地张开双翅，抖了抖头上血红的冠子，便准备扑过去教训白毛公鸡。白毛公鸡也不是省油的灯，它松开爪子，把虫子放在一边，突然猛地迎头向红毛公鸡花冠啄去，就这一下，便啄下了几根红毛公鸡平日引以为荣的漂亮的羽毛。"哼，找死，竟敢在太岁头上动土。"红毛公鸡看着白毛公鸡嘴里衔着几根自己的羽毛，且头皮爆裂似的疼痛，禁不住恼羞成怒，猛地一拍翅膀，像支利箭似的射向白毛公鸡，在白毛公鸡还来不及反击时，它已用双爪紧紧地抓住了白毛公鸡的背部，整个身子压在白毛公鸡身上，白毛公鸡不堪重压，瘫倒在地上，红毛公鸡趁机对它又啄又抓。白毛公鸡彻底认输了，它不停地哀求，红毛公鸡才停下来。"你这没出息的东西，滚到一边去吧！"说完，红毛公鸡又猛地用力一脚把白毛公鸡踢进草丛中去了。红毛公鸡看着战利品和一地鸡毛，高兴地站在高处放声高歌。恰好有一只老鹰飞过，它听到鸡鸣之声，就俯冲下来，只轻轻一抓，红毛公鸡便成了它的猎物。白毛公鸡因失败而满面羞愧，早已躲到草丛中去了，避过了这一场灾难。

胜利，不是以一时之勇来衡量的，在这世间，没有永远的胜利者，同样也没有永远的失败者，很多时候，胜利过后不一定是辉煌，在我们得意之时，后面跟着的可能就是失败或者灾难。所以面对成功，我们应该懂得适当放低姿态做人。过分张扬会使自己成为他人攻击的"靶子"。这其实也是一种协调好人际关系的策略。人与人的关系是微妙的。有时候你的一个很小的举动就可能让一些人心存感激，也有可能让一些人耿耿于怀。比如你成功了，但是并不去炫耀，虽然失去了很多人艳羡的目光，但是保全了周围人的面子，因此你们的相处会变得更加和睦，合作起来更加得心应手，那么也就更容易取得更大的成功了。

没有必要在乎自己是不是每时每刻都是人生的主角，做一次配角，也许还能拿到个最佳配角奖。

做配角的智慧

大家都知道阿姆斯特朗，知道他是第一个登上月球的人，知道他那句注定要被历史记住的世界名言"我个人的一小步，是全人类的一大步"。可是事实上和阿姆斯特朗一同乘坐阿波罗11号宇宙飞船登上月球的还有另外一个宇航员，名叫巴兹·奥尔德林。在回到地球后的一次记者招待会上，一名记者突然问了奥尔德林一个有些尖锐的问题，如果奥尔德林回答不好，场面将会非常地尴尬。记者问道："你和阿姆斯特朗一同乘坐阿波罗登上月球，却由他第一个走出宇宙飞船而成为登月第一人，你是不是感到有些遗憾呢？"一时间，全场气氛似乎都凝固了。但是，奥尔德林不失风度与幽默地说："各位，请不要忘了，回到地球时，我可是第一个走出宇宙飞船的人。那么可以说我是第一个从别的星球来到地球上的人。"说完，全场给予了他最热烈的掌声和由衷的赞美。在登月的时候，奥尔德林做了一次人生的配角，但是他的豁达平和的心境同样为自己赢得了众人的爱戴，这就是做配角的智慧。

带着祝福的微笑，参加旧爱的婚礼

你是否怀念在那非常时光

投入你胸怀中的那些友人

你的胸中思潮澎湃

你的嘴却是沉默无声

你不愿再做我的爱人

那么就做我的女友

恋爱的关系一告结束

就是友谊开始的时候

或许，在一天忙碌的生活中，会有某些不经意的时刻，我们会下意识地记起曾经的那段最美好的时光。你也许记得，和曾经最心爱的人十指紧扣时那惺惺相惜的感觉，记得你们二人享受烛光晚餐时的浪漫甜蜜，记得你们一起在轻柔的月光下漫步回家时的柔情蜜语……这些都曾经是你最幸福的时光，此刻却无可奈何地成了追忆。你们的爱情还是没能走到时间的尽头，曾经的最爱已经无法再做你的爱人。你知道你的难舍难分，你的心如刀割，都无法再将他挽留；你也知道，为了他的幸福，你愿意放弃所有。既然这段铭心刻骨的爱情最终成了过去，那么就请你就不要再沉浸在悲痛的旋涡中无法自拔。你当然希望他能够幸福，同时你自己的生活也应该继续下去，如果总是抓住过去不松手，你们两个人都难以有幸福的时候。不如把一段旧的恋爱关系结束之时，化作你和旧爱之间纯真友谊开始之日。

你们成为朋友，就像两条直线相交然后分开以后，各自去开展自己全新的人生。即便没有她在身边，你的每一个日出日落都同样精彩。后来有一天，旧爱终于找到了结婚的理由。也许你会收到对方好意寄给你的火红喜帖，他没有恶意，只是希望你在知道他是真的幸福之后，可以彻底放下过去，从此专心地为自己的幸福奋斗。

旧爱结婚的消息成了打开你记忆闸门的钥匙。那些曾经甜蜜的回忆，在爱已逝去了之后，或许会成为我们心里的刺痛。每一个不经意的回忆，都可能扰乱我们现在的心境，让原本已经平静的心，再次泛起阵阵涟漪。你觉得失落，觉得难过，甚至再一次想起了分手时的心如刀割。可是你要知道，生命里面没有如果，没有可以重来的机会，不要再去假设如果当初如何如何，现在的你们将是怎样怎样。这样的假设于事无补，唯一的作用就是徒增你的伤悲。而伤心的只是你一人而已，这又何苦？当初你爱他，本就是希望他能幸福，现在旧爱真的幸福了，你也就可以卸下一直以来内心的挂念了。让自己活得轻松一些，这样才可以在追求自己幸福的道路上奔跑得更加轻松自如。分手之后，你们成为朋友，结婚之后，你们照样是知交。

带着祝福的微笑去参加旧爱的婚礼，这发自内心的微笑既是对旧爱的放下，也是对自己的成全，放下你们的过去，成全未来你自己的幸福。看到旧爱的笑靥如花，听到婚礼上的欢声笑语，你就知道，将来属于你的那个新娘，属于你的那场婚礼，有着同样甜蜜四溢的幸福。就这样微笑着祝福曾经的爱人，微笑着对过去的回忆说再见，微笑着转过身去，开始新的旅程。你要无比坚定地相信，你的幸福，也许就在下一个转角。

你是人间的四月天

林徽因，中国第一代女性建筑学家，被胡适誉为中国第一代才女。金岳霖，我国哲学家、逻辑学家，被张申府誉为中国哲学第一人。金岳霖对林徽因的一生挚爱，成为了一段关于爱情的传奇。金岳霖、林徽因以及后来林徽因的丈夫梁思成一直都是非常志同道合的朋友。据说有一天，林徽因满脸愁苦地对梁思成说，她正陷入极大的苦恼之中，因为自己同时爱上了两个人，不知道该怎么办才好。梁思成听到这话，自然也是矛盾非常，因为他知道自己和金岳霖同样深爱着眼前这个女子。但是经过一夜的反复思量和对比，最后梁思成对林徽因说，她是自由的，如果她选择金岳霖，祝他们永远幸福。后来，林徽因又将这件事情一五一十地告诉了金岳霖。没想到，金岳霖对她的爱如此之深，如此无私，竟然使得他对林徽因说出这样的话："看来思成是真正爱你的。我不能去伤害一个真正爱你的人。我应该退出。"就这样，金岳霖成全了林徽因和梁思成，以一个朋友的身份守在她的身边，关心她，祝福她。而且，金岳霖终身未娶。甚至在林徽因去世多年后的一天，金岳霖和朋友们一起吃饭时，突然感慨道，今天是林徽因的生日。于是，满座唏嘘，为林徽因的陨落，也为金岳霖的痴情。但是，不要以为金岳霖就沉浸在失去林徽因的痛苦中无法自拔，他的生活同样过得有声有色。他一生著作等身，是最早把现代逻辑系统介绍到我国的哲学家之一。他热爱生活，喜欢看小说，也喜欢运动，为人风趣幽默。他的生活从来都有自己的幸福。

林徽因去世后，金岳霖写了一副挽联：一身诗意千寻瀑，万古人间四月天。其实，他们的爱情和友情又何尝不是万古人间四月天。

重回童年居住的地方

常常回想当年——做过的梦，玩过的游戏，一起回家的小伙伴，风里独特的香气，许过的愿望，干过的傻事……回忆总是以一种平缓流动的方式在我们的脑中浸透了一遍又一遍。那些年月已经再不会重来，就如我们再也找不到童年时候的一朵小红花一样，被岁月遗失在长河之中，渐渐消逝不见了。但是回忆是承载在特定的环境里，特定的环境又是能够重新被找寻的，所以找找那旧时的居所，说不定能让童年的感觉再回来一次。

"故地重游""触景生情"这样一些词的存在必然有其道理。打个比方来说，当我们写完毕业纪念册从学校的大门出去之后，工作路过这里时，总是很容易在那门前站立一会儿。好像昨天我们就背着书包，从那里蹦蹦跳跳地刚走出去，好像我们还想着：终于不用上学了，终于不用做作业了，终于不用背课文了，终于没有罚站了，终于不用早起了。一晃眼我们毕业了，离开了这里，偶尔回到这里，我们总是去那同一个教室里，看看我们用过的桌椅，回忆当年在教室里学习的情景——抽象的记忆总是承载在具象的地点之中。当我们回到这里时，记忆匣子就不用唤醒而自动开启了。

同样的，童年也不是再也无法找回来的。一段时期的记忆是一段时期的生活。去童年居住的地方再走一走，去充满着童年生活的小屋子走走。看着那一花一草，一桌一椅，仍旧会一下子记起，小时候梳着怎样的发式，在房间里跑来跑去。那个院子是和邻家小孩玩闹的场地，那棵树曾经爬上去摘过果子，那扇窗子曾是每天午睡睡不着时和小伙伴通气的小秘密，那块空地曾有一株忘了名字的小花。

时间就是这么过的，跟着那些所有的景物一起变老、生锈、泛黄。即便如今它们已换了模样，但依然是当初童年的居所啊。

触摸一下那门框，是不是还是那手感？触摸一下那树干，是不是又皱了些？触摸一下那扇窗子，玻璃是不是有碎掉？

再或者，旧房子没了，建了新的大楼，那就站在那跟前，静静地看一会。那片土地，曾经是童年的全部。

偶尔回归，记住当年你最真实的样子，并且知道，你一直在行走，一直在成长。

鲁迅的童年旧事

从百草园到三味书屋（节选）

我家的后面有一个很大的园，相传叫作百草园。现在是早已并屋子一起卖给朱文公的子孙了，连那最末次的相见也已经隔了七八年，其中似乎确凿只有一些野草；但那时却是我的乐园。

不必说碧绿的菜畦，光滑的石井栏，高大的皂荚树，紫红的桑葚；也不必说鸣蝉在树叶里长吟，肥胖的黄蜂伏在菜花上，轻捷的叫天子（云雀）忽然从草间直窜向云霄里去了。单是周围的短短的泥墙根一带，就有无限趣味。油蛉在这里低唱，蟋蟀们在这里弹琴。翻开断砖来，有时会遇见蜈蚣；还有斑蝥，倘若用手指按住它的脊梁，便会拍的一声，从后窍喷出一阵烟雾。何首乌藤和木莲藤缠绕着，木莲有莲房一般的果实，何首乌有臃肿的根。有人说，何首乌根是有象人形的，吃了便可以成仙，我于是常常拔它起来，牵连不断地拔起来，也曾因此弄坏了泥墙，却从来没有见过有一块根象人样。如果不怕刺，还可以摘到覆盆子，象小珊瑚珠攒成的小球，又酸又甜，色味都比桑椹要好得远。

……

冬天的百草园比较的无味；雪一下，可就两样了。拍雪人（将自己的全形印在雪上）和塑雪罗汉需要人们鉴赏，这是荒园，人迹罕至，所以不相宜，只好来捕鸟。薄薄的雪，是不行的；总须积雪盖了地面一两天，鸟雀们久已无处觅食的时候才好。扫开一块雪，露出地面，用一支短棒支起一面大的竹筛来，下面撒些秕谷，棒上系一条长绳，人远远地牵着，看鸟雀下来啄食，走到竹筛底下的时候，将绳子一拉，便罩住了。但所得的是麻雀居多，也有白颊的"张飞鸟"，性子很躁，养不过夜的。

……

我不知道为什么家里的人要将我送进书塾里去了，而且还是全城中称为最严厉的书塾。也许是因为拔何首乌毁了泥墙罢，也许是因为将砖头抛到间壁的梁家去了罢，也许是因为站在石井栏上跳下来罢……都无从知道。总而言之：我将不能常到百草园了。Ade（德语，再见的意思），我的蟋蟀们！Ade，我的覆盆子们和木莲们！

你打扮最美的那天，在街上偶遇很在乎的人

　　相遇往往是一个很美丽的意外，特别是初次相遇，那首次看到对方的眼神纯净到无以复加。然而，现在很多人喜欢整天蹲在家里，"宅"这个词越来越流行，除了忙碌的工作，难得的假期也都宅在家里，也懒得打扮自己。所以，很多美丽的邂逅就被我们错过了。

　　我们都知道，人是群居的动物，只有和其他的同类相处我们才能真正地体会到作为人的特殊性，我们的天性怎么可以就这样被我们用一个"宅"字给抹去了呢？其实，我们也只是暂时地利索群居了一下，当灵魂孤独时，我们的内心深处是渴望同伴的温暖的。既然这样，为何不找一个难得的机会，精心打扮一下自己，给自己最美的心情，出去走走，说不定会邂逅一段美丽。

　　我们不会拒绝美丽，也无法拒绝内心的渴望。在人生的拐角处，遇见最美丽的他或者她，整个的人生也许就此不再暗淡，闪烁在我们内心的将是人性的相惜。你是否还记得，在那个最美的年龄里，曾经遇到的那份美丽，一切来得毫无准备，没有看清对方的容颜，心门就被打开。从此目光闪躲，心事欲语，无人处空对月，树影婆娑，伊人却不知。年龄增长了，那次的心动却被时光冲刷，你始终没敢再提。如今，时光难偷，你怎么舍得宅在家里，等待着岁月的背叛。

　　把自己精心打扮一番，不管是男人或女人，都应该时刻注意自己的仪表，没准会在哪个路口遇见那个很在乎的人。这会是一种带着欣喜的感

激，感激机缘让彼此再次相遇。心是惴惴不安的，不想去问一切是悲是喜，命运从不容我们质疑，努力地拒绝不如欣然地接受。或许，这样的偶遇，会装点今后的人生，让今后的日子，因这外出因这美丽的打扮而脱离死气沉沉变得活跃起来。

容易邂逅美丽的地方

1.图书馆

　　图书馆是一个承载智慧的地方，很多美女帅哥为了给自己的亮丽再加些分，会选择去图书馆充电增加自己的深度。这样的安静的地方，似乎不是邂逅美丽的最佳场所，但是，如果你经常把自己打扮得漂漂亮亮去图书馆的话，一定会引来许多欣赏的目光。在图书馆里邂逅，是一种无语的交流，彼此的气质风格都在所看的书里体现出来，没有人会拒绝充满智慧的人，而两个人一旦产生心里的交流就会是比较深入的交流，这样的交流就像我们和古人名人交流一样是灵魂的碰撞，这样的知心会意，因为双方除去了一见钟情的轻率，所以关系一般比较稳定。所以，图书馆在让你感到充实，给你智慧的同时，也会给你邂逅美丽的机遇。

2.幽静的湖边

　　湖是一个让人感到舒心的字眼，它带着一定的封闭性，又因着湖水而显得柔软，一般喜欢水的人的心也是柔软的，这样外在的景致和内心非常合拍。湖边往往是幽静的，有淡淡的风吹来，会撩起人们的情怀，让人的内心放松警惕，把心门打开。如果湖里再种有莲花，则会让人心生涟漪，看着那温润的莲花瓣，很容易想起那句"莲子心如水"。在你放下繁忙的工作时，这样的场所会把心力交瘁赶走，让你逃离出躁乱，找到内心属于自己的一片安宁。如果，这时在不远处也有一个和你有着同样情愫的人，心与心在此时此刻跳出时空交流是很正常的，这不是寂寞的拥抱，而是人们在回归自然回归自己时找到的心灵相惜。所以，湖边会帮你找到真实的自己，缄默不语，美丽自然随着湖面的水汽氤氲。

3. 公园

公园是很多人在没事的时候选择的去处，在公园里面有热闹也有清净，景致随着脚步转换，你可以选择自己喜欢的一隅，也可以在欢乐的人群里漫步，只要心是静的，你就可以找到自己的所在。公园还有一个好处就是，你可以自己去，也可以和很多朋友一起去，可以单纯地去聊天，也可以游玩游乐场里的各种设施。你可以只是静静地看其他游人进行着各种活动，也可置身其中，彻底地放松一下在闹市的压抑。这样的场合，把自己打扮得漂漂亮亮的，是最容易吸引人们的眼球的，眼波流转间也许就成就了一段美丽。

4. 聚会

聚会是现今非常普遍的逃出宅的方式，朋友之间平时难得有时间见面，找个固定的时间大家聚到一起来，可以去吃吃饭，聊聊天，也可以去唱歌跳舞，把自己在工作学习中的烦恼暂时忘掉。生活中有两种人，一种是生活的人，一种是体会生活的人。如果你喜欢热闹就可以成为聚会的焦点，展现自己时也接纳别人，倘若，你不是很喜欢热闹，也可以安静地坐着体会生活。无论，你以哪种姿态出现，因为，每个人欣赏的口味不同，所以形式各异的人都会有自己吸引人的特殊所在，这样的场合把自己打扮得漂漂亮亮的也会给你带来邂逅美丽的机会。

早起，对着镜中的自己充满信心地微笑

　　早晨应该是一天好心情的开始。早上的好心情就好像一顿营养丰富又美味的早餐一样，带给人们最有利于心灵健康的滋养。可是，你有没有发现，很多人早起时，心情往往是沮丧的甚至是糟糕透顶的，可能是因为昨晚又经受了失眠的煎熬，可能是因为昨天的烦恼到了第二天早上仍在脑海里徘徊不去，也可能就是有点杞人忧天地焦虑着今天并不一定会发生的不愉快的事情。你是不是也是这样？当每一天的清晨都变成了一个难堪的开始时，我想说，你真的很对不起自己。因为，今天本来会是阳光明媚的一天，你却用愁眉苦脸错误地自我暗示，今天不会过得顺利。

　　不要小看心理暗示的作用。德国汉堡大学曾做过这样一个研究：在实验的过程中，研究人员选取了 19 名健康的志愿者，先在他们的左右手上分别抹上"止痛药膏"和普通的润手霜，然后利用激光针扎刺志愿者的两只手，并利用功能性磁共振成像技术测试其大脑对此的不同反应。测试结果显示，当志愿者认为他们的手上涂的是止痛药膏时，被扎的痛感要弱于涂润手霜的那只手。而实际上所谓的止痛药膏也只是普通的润手霜而已。这一研究从生理学的角度进一步证明了心理暗示对人的影响。积极的心理暗示可以减轻人的疼痛，这疼痛既包括生理上的，也包括心理上的。而消极的心理暗示甚至会让原本好好的事情变得更糟。

　　所以，早上当你睁开眼的那一刻，先不去管今天会遇到什么样的事情，开心的也好，不开心的也罢，也要忘记昨天的不顺心，给自己一个积极的心理暗示才是最重要的。早上起床后或者出门前，请你对着镜中的自己充满信心地微笑，告诉自己你今天的心情是多么的好，今天的一切都会进行得非常顺利！其实这充满自信的微笑，不仅仅是要你进行积极的心理暗示，还希望你换一个角度看问题。

如果你昨天晚上一夜都没睡好，辗转反侧，心浮气躁。看着镜子中那对越发显得黑肿的眼圈，不禁气愤地想到，今天一定又会在昏昏沉沉中度过，什么事情都做不好。那么这种想法，无异于火上浇油。而且第二天晚上，你还会照样失眠。何不早起给自己一个充满信心的微笑，看着镜中的自己说：虽然失眠了，可是我却比别人的一天"多了"好几个小时，在这段时间里，我不用强迫自己去睡着，还可以躺在床上心平气静地思考一些问题。我的生命在某种意义上被延长了。这有什么不好？当你这样想的时候，你会发现黑眼圈也有它的可爱之处。

如果一觉醒来，你还在为昨天发生的不愉快耿耿于怀，记恨着某个人某件事，那么你铁青的脸色只会让每一个看见你的人感受到你的不良情绪，赶跑任何可能的好事。干脆，给自己一个充满信心的微笑，告诉自己说：那个人那件事没什么了不起，过去了就过去了，没必要用别人的错误或者自己昨天的错误来惩罚现在的自己，今天又将是一个全新的开始！怀着这样一种宽容自信的心情去对待过去，你的未来会减少许多不必要的包袱，前面的路只会越走越轻松越走越宽阔。

你若是因为今天即将要面对的事情而焦虑，那更是对不起自己了。你怎么知道今天的工作就不能被完成得非常漂亮？你怎么知道上司今天一定会批评自己？你又怎么知道今天一定会和某人发生尖锐的争执？为将来可能根本就不会发生的事情苦恼，其实是在为了那充满极大不确定性的未来赔上现在。这比赌博更令人难受。因为赌博是有输就有赢的，总会有赢的时候；而这，是你自己从一开始就心甘情愿地赔上了此时此刻的好心情好时光，铁定是输的。不管将来那些不好的事情会不会发生，你都已经付

出代价了。这样做，是不是觉得很不划算？那就干脆忘了那些不好的可能性，早起给自己一个充满信心的微笑。这样的笑容有着神奇的力量，它会增强你的自信，让你有足够的能力和坚强去化险为夷。

也许一开始的时候，你会发现没法出自真心地对自己微笑，这没什么要紧，你可以回忆过去一些好笑的事来逗自己开心，或者憧憬一下未来生活的美好，甚至用手使两边的嘴角上扬。这样笑的次数多了，你就能够发现它潜移默化的力量。当你发现，有一天镜中的自己笑得是那么自信，那么美丽，那么真心实意的时候，你的幸福就真正掌握在了自己手中。

信念使人真正快乐

信念，这强烈的精神搜索之光，照亮了道路，虽然凶险的环境在阴影中潜行，信念是鸟，它在黎明仍然黑暗之际，感觉到了光明，唱出了歌。

——泰戈尔

最可怕的敌人，就是没有坚强的信念。

——罗曼·罗兰

人，只要有一种信念，有所追求，什么苦都能忍受，什么环境也能适应。

——丁玲

我坚守自己的信念，沉默而顽强地走自己认为应该走的路。
假如我的信念随着我的心脏的跳动而动摇，那是可悲的。

——席勒

信念之所以宝贵，只是因为它是现实的，而绝不是因为它是我们的。

——别林斯基

我要把别人看到的当成我的太阳，别人听到的当成我的乐曲，别人嘴角的微笑看作我的快乐。

——海伦·凯勒

□ 有些事现在不做，一辈子都不会做了

冬天已经到来，春天还会远吗？

——雪莱

生活的理想，就是为了理想的生活。

——张闻天

做人不可有傲态，不可无傲骨。

——陆陇其

喷泉的高度不会超过它的源头，一个人的事业也是这样，他的成就绝不会超过自己的信念。

——林肯

由百折不挠的信念所支持的人的意志，比那些似乎是无敌的物质力量具有更大的威力。

——爱因斯坦

约儿时的伙伴爬一次树

当我们追忆过去时，最不会忘记的就是我们童年的伙伴，他们的出席总像是一道永不尽兴的风景，在我们疲惫的时候，轻柔地给我们一些温存。

还记得小时候，我们在院子里玩各种稀奇古怪的游戏，不管当时天气有多好多坏，在院子里嬉闹已经成为我们当时最大的乐趣了。所以伙伴们就已成为自己那个阶段最重要的人。

小时候我们曾经盼着长大，想象着长大后做什么，想象多年后我们相见的情景。当我们还没来得及做好真正长大的准备，或许刚刚准备好面临严峻的社会考验和现实的人生时，岁月已经从我们身边悄悄流过，皱纹也一点点爬上额头和眼角，不经意间，我们已与儿时的伙伴许久都没有见面了。也许是因为工作的忙碌让你没有闲暇，也许是因为家庭的琐事让你分不出时间和精力，也许是你们离开家乡，在外拼搏，相隔万里，即使你们想要面对面安静地叙叙旧也是力不从心，纵然如此，儿时纯真的感情依然还在，无论何时何地，她（他）都是让你感到安全的好伙伴。长大了，工作了，结婚组建家庭了，在这个漫长的过程中你有很多朋友，可是很少能有与儿时的伙伴那样的轻松和平静。每日里工作的压力和生活的烦恼，可能现在的你很难开怀大笑，可是回忆起小时候与他一起堆沙堡，一起丢沙包，抑或是与满脑子怪主意的他把邻居的锁孔用泥巴给堵上，一起爬树摘果子吃，你都会由衷地微笑，心里顿时轻松起来，但是转眼面对现实，感觉那是很遥远的快乐，然后一阵感伤。如果能抽出一些时间，如果可能，约儿时的伙伴，再爬一次树，我想你一定会感慨自己的身手已没当年那么敏捷，但你可以感受曾经的欢笑，或者只是散步，聊天，重温儿时单纯的友谊和快乐。

其实现在想想，小时候我们的满足来得多么简单，可是长大后的我们，总是有诸多的苦恼，好像总是会听到那些永远不知满足的话。如果现在的我们还能因为简单地爬上了树，摘到了想吃的果子，就会很满足，露出满足的笑，那样多好！

除了嬉闹，我们与朋友还可以这样

把自己的故事讲给某个朋友听

懂得倾诉，懂得把自己的心事与别人分享的人，才是真正会享受生活的人。把自己隐藏，遮着面纱与人相处的人，永远只能独自吞咽孤寂与落寞。可能你很想和某位朋友增进彼此的了解，那么就把自己的故事首先讲给对方听。也许你的故事并不传奇，也没有多少引人入胜的动人情节，但至少包含了你成长的某一阶段的快乐和忧愁，至少从你的点滴故事里能窥见你性格和人品的缩影，最重要的，那是你的故事，而不是其他任何人的。

约你那个朋友出来，去咖啡馆，去海滩边，去山脚下，去湖畔，地点并不重要，关键是气氛的幽静闲适，彼此轻松地交谈，然后你娓娓道来，听的人也不必如听讲座般严肃，如同听一段美妙的音乐般带着欣赏的感觉来倾听，这样轻松愉悦的氛围易激发你回忆的神经更加活跃地跳动。

把你的故事讲给朋友听是因为彼此的信任，所以，你不必刻意地对你的故事进行修饰，原汁原味的最好，因为真实才会显得更加动人。也许朋友会对你的故事有所见解，认真倾听，看看你的故事在别人眼中是怎样的一种色彩，也许会对你今后的人生有所帮助。

想想身边哪些人被我们忽略了

你怎么看一个人，那人可能就会因你而有所改变，你看他是宝贵的，他就是宝贵的。一份尊重和爱心，常会产生意想不到的善果。可常常的结果是，你的视线在那人身上停留得太短，以致还来不及思考。

我们身边出现的人太多太多，有些也许只是匆匆一现，你还来不及在意，就已消失在你的视线以外。可是，朋友，你有没有那么一个时刻，认真地，用心地，看待过这些匆匆的过客呢？甚而是你生命中的"常客"，也许你会因为熟悉而漠视他们。别忘了，每个人都在渴望被人尊重和重视，包括你自己，不信，问问你自己的心。所以朋友们，不妨用心看待这个世界，用心去尊重每一个人及自己，你将会发现，自己及周遭的人都有着无穷的潜力。

所以，找个空间，认真想想身边有哪些人常常被我们忽略，尤其是每天在你的生活中出现的人，这样的人，往往是你的亲人、朋友、同学、同事，因为常在眼前晃动便变成一种漠视，也许其中有些人，一直在为你默默付出，你却认为这是理所应当，而忘了给予回报。仔细留意，你会惊异地发现他们每个人的存在价值，原来他们对于你来说，是那么的重要。懂得珍惜，懂得回报，才会让我们的人生无憾。

和最信赖的一个朋友约定，互相给对方一个承诺

诚信是耀眼璀璨的阳光，它的光芒普照大地；诚信是广袤无垠的大地，它的胸怀承载山川；诚信是秀丽神奇的山川，它的壮丽净化人的心灵；诚信是最美丽、最圣洁的心灵，它让人问心无愧、心胸坦荡。

遵守承诺是诚信的一个重要表现，诚信的人一定会很重视自己许下的承诺，不到万不得已不会轻易背信弃义。所以，告诉自己，一定要信守承诺。

　　和你最信赖的朋友约定，互相给对方一个承诺。彼此之间建立起来的信任不容易，必定也会想着努力去维持这份信任，所以，一旦诺言许下，两人都会努力去实现，这对自己的诚信是一种考验，也是一种锻炼和培养。

　　所以，许什么样的诺言，你可得想好，一定要在自己的能力范围内。否则，一开始就意识到很艰辛，除了赞扬你的勇气可嘉之外，更多的还是要责怪你的冲动，而且，这也是对自己、对朋友的一种不尊重。

　　许下诺言后，还要和朋友约好，诺言实现后的奖惩措施，这样才有实现诺言的动力和压力。当然，不必弄得太有压力，朋友之间可以轻松一些，就像做一个游戏一般，但是态度必须认真、诚恳，否则，就失去了约定的意义了。